海鹰智库丛书

SYSTEMS TECHNOLOGY

总体技术篇

北京海鹰科技情报研究所　汇　编

张冬青　主　编

王晖娟　副主编

徐　月　侯晓艳　参　编

北京理工大学出版社

BEIJING INSTITUTE OF TECHNOLOGY PRESS

图书在版编目（CIP）数据

海鹰智库丛书. 总体技术篇／北京海鹰科技情报研究所汇编. —北京：北京理工大学出版社，2021.1

ISBN 978 - 7 - 5682 - 8987 - 0

Ⅰ. ①海…　Ⅱ. ①北…　Ⅲ. ①导弹 - 武器装备 - 文集　Ⅳ. ①TJ - 53 ②TJ76 - 53

中国版本图书馆 CIP 数据核字（2020）第 163564 号

出版发行／北京理工大学出版社有限责任公司
社　　　址／北京市海淀区中关村南大街 5 号
邮　　　编／100081
电　　　话／（010）68914775（总编室）
　　　　　　（010）82562903（教材售后服务热线）
　　　　　　（010）68948351（其他图书服务热线）
网　　　址／http：//www. bitpress. com. cn
经　　　销／全国各地新华书店
印　　　刷／保定市中画美凯印刷有限公司
开　　　本／710 毫米 ×1000 毫米　1/16
印　　　张／14　　　　　　　　　　　　　责任编辑／孙　澍
字　　　数／180 千字　　　　　　　　　　　文案编辑／朱　言
版　　　次／2021 年 1 月第 1 版　2021 年 1 月第 1 次印刷　责任校对／周瑞红
定　　　价／66.00 元　　　　　　　　　　　责任印制／李志强

海鹰智库丛书
编写工作委员会

主　编　谷满仓

副主编　许玉明　刘　侃　张冬青　蔡顺才
　　　　徐　政　陈少春　王晖娟

参　编（按姓氏笔画排序）
　　　　王一琳　朱　鹤　李　志　杨文钰
　　　　沈玉芃　周　军　赵　玲　侯晓艳
　　　　徐　月　隋　毅　薛连莉

FOREWORD / 前言

　　武器装备作为世界各国维护国家安全和稳定的国之利器，其技术的先进程度一直备受瞩目。随着新时期武器装备持续升级，作战样式和概念持续更新，技术创新与应用推动国防关键技术和前沿技术不断取得突破。近年来，北京海鹰科技情报研究所主办的《飞航导弹》《无人系统技术》、承办的《战术导弹技术》期刊，围绕世界先进装备发展情况开展选题，陆续组织刊发了一系列优秀论文，受到了广泛关注。

　　为全面深入反映世界导弹武器系统相关技术领域的发展和研究情况，帮助对武器装备相关技术领域感兴趣的广大读者全面、深入了解导弹武器装备相关技术领域的研究成果和发展动向，北京海鹰科技情报研究所借助《飞航导弹》《战术导弹技术》《无人系统技术》三刊的出版资源，结合当前研究热点，从总体技术、导航制导与控制、人工智能技术、高超声速技术、电子信息技术等五个领域入手，每个领域汇集情报跟踪分析、前沿技术研究、关键技术研究等相关文章，力求集中反映该领域的发展情况，以专题形式汇编成书，五大领域集合形成海鹰智库丛书，旨在借助已有学术资源，通过信息重组，挖掘归类形成新的知识成果，服务于科技创新。

　　本书在汇编过程中，得到了各级领导和作者的大力支持，编写工作委员会对丛书进行了认真审阅和精心指导，编辑人员开展了细致的审校工作。在此，向为本书出版作出努力的所有同志表示衷心的感谢！

　　尽管编撰组作了大量的工作，但由于时间仓促，水平有限，书中有不妥之处在所难免，恳请读者批评指正。

2020 年 8 月

CONTENTS / 目录

2019 年国外飞航导弹发展综述

王雅琳　刘都群　耿建福　杨依然　宋怡然

2019 年，世界主要军事强国积极推进飞航导弹发展，分别总结了美国、俄罗斯、欧洲和周边国家在飞航导弹领域的发展态势。美国全方位推动巡航导弹、反舰导弹和空地导弹发展，俄罗斯为重点型号增程并频繁进行导弹试射，欧洲积极开展平台集成及型号新研工作，周边国家积极发展飞航导弹并进行试射，全面提升飞航导弹作战效能。

引　言

2019 年，在大国竞争的环境下，美国和俄罗斯全面推进中远程强突防能力飞航导弹发展，欧洲及周边国家也不断进行新型号研发或现役型号改进升级。

巡航导弹受到高度重视，发展活跃，以美国和俄罗斯为首的世界军事强国加速推进海基和空基巡航导弹更新换代工作，并正式退出《中导条约》发展陆基巡航导弹。其他国家也紧随其发展步伐，英法积极推进未来巡航/反舰武器（FC/ASW）进程，印度成功完成无畏巡航导弹第六次飞行试验。

反舰导弹频繁开展升级试射，美国开展远程反舰导弹（LRASM）和标准-6 导弹反舰型升级，进行海军打击导弹（NSM）和长弓海尔法导弹反舰试验；俄罗斯为缟玛瑙反舰导弹增程，并试射多型反舰导弹；英国计划采购先进反舰导弹弥补能力缺失；日本和印度通过升级改进和试射等提升反舰导弹装备水平。

空地导弹型号研制稳步推进，美国小型空射诱饵弹-N（MALD-N）、联合防区外武器增程型（JSOW-ER）、先进反辐射导弹增程型（AARGM-ER）陆续进入下一研制阶段，并大幅增加联合防区外空地导弹（JASSM）系列采购量；俄罗斯和印度推出新型空地导弹；欧洲重点开展空地导弹与平台集成工作；日本采购联合打击导弹（JSM）强化对陆精确打击能力。

1　美国全方位推动飞航导弹能力发展

随着新版国家安全战略将大国竞争作为军力建设的主要指导原则，美国在现有飞航导弹基础上进行升级改进，以快速提升近期作战能力；同时，选择退出《中导条约》，积极发展陆基巡航导弹，以期在大国博弈中掌握战略和战术双重主动权。

1.1 加速海基和空基巡航导弹更新换代，重启陆基巡航导弹研制与试验

2019 年 2 月，美国宣布暂停履行《中导条约》，同时启动新型常规陆基巡航导弹的研发工作，导弹射程约 1 000 km，计划 2020 年年底完成部署。8 月，美国正式退出《中导条约》，并从陆基 Mk 41 通用垂直发射系统试射了 1 枚常规配置型"战斧"对陆攻击巡航导弹，导弹在飞行超过 500 km 后准确命中目标，如图 1 所示。

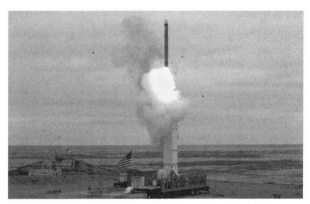

图 1　从陆基 Mk 41 通用垂直发射系统发射的
常规配置型"战斧"对陆攻击巡航导弹

3 月，美国海军发布 2020 财年预算，海基"战斧"Block Ⅳ 型巡航导弹进入再认证升级阶段，升级后的导弹将作为"战斧"Block Ⅴ 型导弹，其中，Block Ⅴa 型为反舰型"战斧"导弹，即海上打击"战斧"（MST）导弹；Block Ⅴb 型将装备联合多效应战斗部，增加对坚固陆地目标的侵彻能力。两型"战斧"Block Ⅴ 导弹均将升级导航和通信能力。

11 月，美国空军 AGM-86C/D 空射巡航导弹常规型正式退役，它是在 AGM-86B 空射巡航导弹核型基础上改进的，将核战斗部改为常规战斗部，其中 AGM-86D 具备穿透能力，可打击地下目标。目前，美国正在研发 AGM-86B 的替代型号远程防区外武器（LRSO），计划在 2022 财年进入工程研制阶段。

1.2 反舰导弹进行升级改造工作

2月，美国海军宣布将为洛杉矶级攻击型核潜艇装备"捕鲸叉"导弹系统，以弥补海上打击"战斧"导弹服役前的能力差距，计划在2020—2025年间每年为5～7艘洛杉矶级攻击型核潜艇装备"捕鲸叉"导弹。

3月，美国海军宣布快速研发并部署标准-6 Block 1B导弹，为美国海军提供远程反舰作战能力，该型号将进行增程等改进，预计在2023财年形成初始作战能力。

4月，美国海军宣布LRASM的增量升级型将于2022财年形成初始作战能力，升级计划包括增加射程、提升通信能力、增强生存能力和集成试验。7月，美国国防部授予洛马公司1.75亿美元合同用以升级LRASM，包括对弹翼进行改进以增加射程，升级引信和数据链，全部工作预计于2022年11月完成。9月，美国空军宣布将LRASM的计划采购数量从110枚提高到400枚，导弹第4生产批次将提供50枚，从第5生产批次开始达到最大生产速率每批次96枚，一直持续到第8批次。

5月，美国海军陆战队授出合同，用于引入挪威康斯伯格公司研制的海军打击导弹。美国海军于2018年5月选择将该导弹作为濒海战斗舰的采购型号，并于2019年10月在美国和新加坡联合举办的演习中进行了试射。美国海军陆战队选择与美国海军相同的反舰导弹将增强联合互操作性，同时降低成本和后勤负担。

6月，美国海军完成独立级濒海战斗舰舰舰导弹模块（SSMM）首次结构测试试射，该模块装配了打击小型船只的长弓海尔法导弹，如图2所示。

图2　美国独立级濒海战斗舰发射海军打击导弹

1.3 空地导弹改型陆续进入下一研制阶段并增加采购量

1月，美国国防部授出小型空射诱饵弹-N工程研制阶段合同，将在2021年7月前完成其支持F/A-18大黄蜂战机电子战系统的工作。

2月，美国海军授予雷锡恩公司JSOW-ER技术成熟度风险降低和工程研制阶段合同。6月，美国海军再次授予雷锡恩公司合同用于JSOW-ER的配置细化和评估。导弹计划于2022财年第一季度授出首份生产合同，并于2025财年在F/A-18E/F战机上达到初始作战能力。

3月，美国国防部授出AARGM-ER工程研制阶段合同，将进行导弹配装F/A-18战机、F-35战机和EA-18G电子战飞机需要的新型固体火箭发动机的设计、集成及试验工作，预计于2023年12月完成。

9月，美国空军宣布将联合防区外空地导弹系列的计划采购数量从4 900枚提高到10 000枚，第18生产批次将提供390枚联合防区外空地导弹增程型（JASSM-ER），第19生产批次提供360枚JASSM-ER和40枚联合防区外空地导弹极增程型（JASSM-XR），从第20生产批次开始达到最大生产速率每批次550枚，一直持续到第30生产批次。

2 俄罗斯为重点型号增程并频繁进行试射

2019年，俄罗斯对口径巡航导弹和缟玛瑙反舰导弹等重点型号进行增程等升级改进，同时频繁进行导弹试射，验证战略威慑能力和常规远程打击能力。

2.1 海陆空基巡航导弹全面发展

在海基巡航导弹方面，2019年1月，俄罗斯宣布发展射程超过4 500 km的口径-M巡航导弹。新型导弹较现役口径导弹尺寸更大，能够携带常规和核战斗部，战斗部质量接近1 000 kg，可装备水面舰船和潜艇，并将在俄罗斯2018—2027年国家武备计划结束前服役。3月，俄海军北方舰队潜艇在码头停泊状态下成功发射口径导弹，验证了在仓促临战的情况下俄军潜艇也能有效执行巡航导弹作战任务。

在陆基巡航导弹方面，在美国 2 月宣布暂停履行《中导条约》后，俄罗斯也宣布暂停履约，并表示将在 2019 年内完成海基口径巡航导弹的陆基改型研发工作，其射程可达 2 600 km。4 月，在俄罗斯西部军区导弹部队和炮兵演习中，伊斯坎德尔-M 导弹系统成功摧毁 56 km 外的预设敌方指挥所。该战术导弹系统可发射弹道导弹和巡航导弹，射程 500 km，旨在摧毁敌方的火箭炮、防空反导系统、指挥所及基础设施。6 月，伊斯坎德尔导弹系统在加里宁格勒演习中进行了常规导弹攻击训练。9 月，在奥伦堡地区举行的中央-2019 演习中，俄罗斯再次试射伊斯坎德尔-M 导弹系统。

在空基巡航导弹方面，5 月，俄罗斯开始为图-95 MSM 和图-160 轰炸机研发口径-M 空射巡航导弹和 Kh-50 空射巡航导弹。其中，Kh-50 导弹采用亚声速隐身设计，射程预计可达 1 500 km。

2.2 反舰导弹多次试射并进行升级改进

2 月，俄罗斯黑海舰队在克里米亚半岛举行舞会岸舰导弹系统的打击演习，演练了不同阵地的导弹部署、机动和预设阵地的转换等，如图 3 所示。

图 3 舞会岸舰系统

5 月，俄罗斯表示正在研制新型反舰导弹，以装备包括苏-57 在内的第五代歼击机，导弹将配备乌拉尔零件设计局研制的新型导引头。

7 月，俄罗斯战术导弹集团进行 Kh-35U 空射反舰导弹的舰射改进，射程将达到 260 km。同月，俄罗斯黑海舰队的棱堡和舞会岸防反舰导弹系统在克里米亚高加索近海岸举办的演习中进行海上试射，以提高水面目标探测和指示能力，以及在不同条件下发射导弹打击敌方的能力。同月，俄罗斯太平洋舰队在日本海水域战术演习中，相继从"快速号"驱逐舰和 R-24 导弹舰上发射 2 枚"白蛉"反舰导弹，成功命中 60 km 外的预设水面舰船目标。

9 月，俄罗斯披露在现役"缟玛瑙"反舰导弹基础上研制"缟玛瑙"-M 反舰导弹，其质量、尺寸和最大速度不变，采用新型燃料和更加轻巧的弹载无线电设备，使导弹最大射程由 300 km 增至 800 km。导弹可携带常规和核战斗部，装配先进控制系统，同时加强电子防御能力。同月，俄罗斯太平洋舰队从"鄂木斯克"号核动力潜艇上发射了一枚花岗岩反舰导弹，成功击中 350 km 外的预设舰船目标。

2.3 空地导弹完成新型号研发

7 月，俄罗斯战术导弹公司完成 Grom-E1 新型空地导弹和 Grom-E2 精确制导武器研发。Grom-E1 质量为 594 kg、长为 4.2 m、直径为 0.31 m，装备有 315 kg 重高爆破片战斗部。Grom-E2 尺寸与 Grom-E1 相当，质量为 598 kg，滑翔距离为 10 ~ 50 km，由于没有动力装置，可配备 480 kg 的战斗部。

3 欧洲积极开展平台集成及型号新研工作

欧洲主要国家拥有多种飞航导弹型号。2019 年，重点开展导弹与战机和无人机的集成工作，同时开展导弹改型和概念探索工作。

1 月，英国空军授予欧洲导弹集团（MBDA）合同，用于硫磺石空地导弹与"保护者"RG MK1 无人机集成。

3 月，未来巡航/反舰武器通过英国国防装备与保障局（DE&S）、法国武器装备总署（DGA）联合举行关键审查，未来将制定促进所需技术成熟的路线图，并对项目概念方案进行更深入的研究，以便项目按照进度在 2024 年进入开发和生产阶段。同时，英国国防部推动一项竞争性采购计划，用于发展一型过渡用重型舰载反舰导弹，以替换当前英国海军装备的"捕鲸叉"Block 1C 反舰导弹，弥补未来巡航/反舰武器服役前的反舰作战能力差距，要求导弹于 2023 年 12 月交付。目前，潜在竞标型号包括美国 LRASM、挪威和瑞典 RBS 15 Mk 4 反舰导弹等。

同月，BAE 系统公司和洛马公司签订为英国F-35战斗机集成长矛空地导弹的初始合同。

6 月，欧洲导弹集团在巴黎航展期间展示了一系列新型导弹武器概念，以装备欧洲正在研制的第六代战机，包括：

（1）智能滑翔武器。可集成至"幻影"2000、"阵风"战机及欧洲未来空中作战系统（FCAS），利用先进的战术网络和人工智能技术进行协同作战。

（2）远程载具。携带各种传感器和效应器，以迷惑或攻击敌方防空系统，可从运输机或水面舰艇发射，有质量为 150 kg 和 250 kg 两个型号。

（3）亚声速和超声速巡航导弹。为风暴前兆/斯卡尔普和 ASMP-A 导弹的后继型号，超声速型号除了能打击固定基础设施，还能打击舰船和预警机。

（4）短程硬杀伤武器。长度不到 1 m，质量不到 10 kg，除了应对传统的诱饵弹和干扰机，还可以打击来袭导弹。

9 月，欧洲导弹集团与莱昂纳多公司合作，共同为英国空军研制电子战型长矛（SPEAR-EW）空地导弹，如图 4 所示。该导弹沿用基本型的外形和悬挂方式，将战斗部换成采用莱昂纳多公司小型数字射频存储器（DRFM）技术的小型电子战载荷。

图 4　电子战型长矛空地导弹概念图

4　周边国家积极发展飞航导弹并进行试射

周边国家通过自研与采购等方式积极增强飞航导弹能力，同时开展导弹试射，提升在周边地区的军事影响力。

4.1　日本进一步发展对陆和反舰精确打击能力

3 月，日本防卫省计划在 ASM-3 反舰导弹基础上发展新型自研空射防区外反舰导弹，通过增加燃料等改进使导弹射程达到 400 km。这是响应 2018 年 12 月日本防卫大纲提出的能力发展要求，新导弹将在未来几年内达到实用化。

同月，日本与挪威康斯伯格公司签订 F-35 战斗机联合打击导弹的初始交付合同，意味着日本联合打击导弹进入生产阶段。11 月，日本再次授出合同，用于为空中自卫队提供更多联合打击导弹。该导弹是在海军打击导弹的基础上研发的，采用双向数据链，具备反舰和对陆打击能力。

4 月，日本防卫省表示正在改进陆上自卫队部署在西南地区的 12 式岸舰导弹，并将射程增至两倍达到 400 km，改进后的导弹还可装备海上自卫队的巡逻机，预计于 2023 年服役。

4.2 印度推进布拉莫斯导弹增程改造并发展多类型导弹

1月，印度国防研究与发展组织从苏-30MKI战机成功试射新一代反辐射导弹（NGARM），并准确命中目标，验证了导弹导引头、导航和控制系统能力，以及导弹结构的完整性和气动效率。该导弹用于摧毁敌方雷达及通信设施，最大射程为100 km，采用双脉冲固体火箭发动机，中制导使用惯性导航和全球定位系统（GPS），末段宽带被动雷达与主动毫米波雷达双模复合寻的。

3月，印度推出瓦格纳克、哈甘塔克和韦尔三型空射武器样机，旨在为印度国内和出口国提供低成本、先进的穿透型武器，可以根据客户要求配装不同的载荷和导引头。其中，瓦格纳克是一型质量为450 kg的防区外精确滑翔弹药，采用流线型轻型碳纤维复合弹体，当发射高度为12 km时，射程为154 km，最大打击速度马赫数0.8，由惯性系统和GPS系统导航，装有多频段主动射频导引头和长波红外（IR）传感器，采用重225 kg的串联战斗部。

4月，印度国防研究与发展组织成功进行无畏巡航导弹的第六次飞行试验，导弹在42 min 23 s的时间内完成了指定飞行航程，证明了导弹助推段的可靠性，以及巡航段按航迹点低空飞行的能力。同月，布拉莫斯宇航公司俄方经理表示，布拉莫斯导弹射程目前已超过400 km，当前任务是将射程提高至500 km。

5月，印度空军从苏-30MKI战机成功试射1枚布拉莫斯-A导弹，如图5所示，这是导弹继2017年11月首次试射后的第二次发射试验。同月，印度陆军试射1枚布拉莫斯导弹，成功命中270 km外的预定目标，验证了导弹的深度穿透能力和精确打击能力。6月，印度国防研究与发展组织成功试射1枚反舰型布拉莫斯导弹。10月，印度空军从地面移动发射装置成功进行2次布拉莫斯导弹试射，均成功命中300 km外预设的地面目标。11月，印度海军从阿拉伯海成功试射1枚布拉莫斯导弹。12月，印度在同一天内成功试射2枚布拉莫斯导弹，其中，1枚为对陆打击型，由地面移动发射装置发射；另1枚为空射反舰型，由苏-30MKI战机发射。

图5　布拉莫斯-A导弹

　　7月，俄罗斯战术导弹集团表示正在为印度布拉莫斯导弹增强导引头性能，包括为导引头配备有源相控天线阵，提升灵敏度和抗干扰能力，以及使导弹能够以大俯冲角度攻击目标。同月，印度空军加速多型导弹采办进程，以填补2月与巴基斯坦空军作战中暴露的导弹差距，其中包括Kh-31反辐射导弹。

　　8月，印度国防部采办委员会批准购买两个下一代海洋移动岸防导弹系统营，该系统将装备布拉莫斯导弹，包括1个指挥所、2个雷达站和2个携带3枚反舰导弹的发射器。每个营还配备了侦察车和装载便携式防空系统的车辆。

5　结束语

　　2019年，国外飞航导弹重点增加飞航导弹射程，提升隐身或高速突防能力，发展先进制导技术以及增强毁伤能力，全面提升作战效能。其中，美俄瞄准大国竞争环境下的作战能力建设，全方位推进中远程强突防能力飞航导弹发展；欧洲面向未来作战，依托欧洲导弹集团开展平台集成及型号新研工作；日本和印度积极进行飞航导弹升级改进和试射工作，提升飞航导弹装备水平。随着未来作战需求的不断变化和先进弹用技术的不断发展，世界飞航导弹将进入新一轮发展活跃期，需要密切关注。

参考文献

［1］ 宋怡然，王雅琳，耿建福，等. 2018 年国外飞航导弹发展综述 ［J］. 飞航导弹，2019（4）.

［2］ 宋怡然，王雅琳，朱爱平，等. 2017 年国外飞航导弹发展综述 ［J］. 飞航导弹，2018（2）.

［3］ US tests ground-launched missile concept previously banned under INF. https://www. janes. com/article/90595/update-us-tests-ground-launched-missile-concept-previously-banned-under-inf.

［4］ Conventional air-launched cruise missile ends service. https://www. airforcemag. com/conventional-air-launched-cruise-missile-ends-service/.

［5］ Decades-old harpoon missile could see growth in sub，coastal defense missions. https://news. usni. org/2019/02/06/harpoon-missile-could-see-growth-in-sub-coastal-defense-missions-despite-antipathy-from-surface-force.

［6］ Raytheon to arm marine corps with anti-ship missiles in ＄47M deal. https://news. usni. org/2019/05/08/raytheon-to-arm-marine-corps-with-anti-ship-missiles-in-47m-deal.

［7］ Air Force reveals plans to grow stockpile of JASSM，LRASM missiles. https://insidedefense. com/daily-news/air-force-reveals-plans-grow-stockpile-jassm-lrasm-missiles.

［8］ Video：navy fires new littoral combat ship missile in pacific sinkes. https://news. usni. org/2019/10/02/video-navy-fires-new-littoral-combat-ship-missile-in-pacific-sinkex.

［9］ Расчеты ракетного комплекса "Бал" отработали нанесение ударов по морским целям в Крыму. https://vpk. name/news/240124 _ raschetyi _ raketnogo _ kompleksa _ bal_otrabotali_nanesenie_udarov_po_morskim_celyam_v_kryimu. html.

［10］ Истребители су-57 получат на вооружение перспективную противокорабельную ракету. https://vpk. name/news/286972 _ istrebiteli _ su57 _ poluchat _ na _ vooruzhenie_perspektivnuyu_protivokorabelnuyu_raketu. html.

［11］ Источники：в россии разработана крылатая ракета "Оникс-М" с дальностью 800 км. https://vpk. name/news/328870 _ istochniki _ v _ rossii _ razrabotana _ kryi-lataya_raketa_oniksm_s_dalnostyu_800_km. html.

［12］ Anglo-French FC/ASE missile programme successfully passes its key review. https://www. mbda-systems. com/press-releases/anglo-french-fc-asw-missile-pro-gramme-successfully-passes-its-key-review/.

[13] UK sets sights on Harpoon missile replacement. https://www.janes.com/article/87139/uk-sets-sights-on-harpoon-missile-replacement.

[14] 「相手の射程外から攻撃可能」戦闘機ミサイル開発へ. https://www.yomiuri.co.jp/politics/20190317-OYT1T50060/.

[15] Kongsberg awarded jsm joint strike missile contract with Japan. https://www.kongsberg.com/news-and-media/news-archive/2019/kongsberg-awarded-jsm-joint-strike-missile-contract-with-japan/.

[16] 地対艦ミサイル射程、2倍へ改良 尖閣? 宮古、対中抑止. https://www.sankei.com/politics/news/190429/plt1904290004-n1.html.

[17] Дальность крылатой ракеты "Брамос" доведут до 500 километров. https://ria.ru/20190408/1552465122.html.

[18] Indian Air Force test fires BrahMos-A from Su-30MKI. https://www.janes.com/article/88736/indian-air-force-test-fires-brahmos-a-from-su-30mki.

[19] ВМС Индии приобретут две батареи подвижных. береговых ракетных комплексов ? БраМос. http://www.armstrade.org/includes/periodics/news/2019/0812/163053838/detail.shtml.

[20] Video: India tests BrahMos cruise missile amid tensions with Pakistan. https://sputniknews.com/military/201910221077120141-video-india-tests-brahmos-cruise-missile-amid-tensions-with-pakistan/.

2019 年国外导弹防御系统发展评述

熊　瑛　齐艳丽　才满瑞　姚承照　李　亮

　　导弹防御系统仍是各国重点发展和部署的武器装备。美国正在构建全球一体化导弹防御系统，明确提出采用主、被动防御与先发制人相结合的综合性发展战略。俄罗斯着重建设保护本土重要目标的区域导弹防御系统。日本、韩国、以色列等国依托美国构建本国的导弹防御系统。介绍了 2019 年国外导弹防御系统的部署现状、最新试验情况与研制进展，探讨了主要国家导弹防御技术的未来发展。

引　言

2019 年，全球反导技术呈现快速发展态势。美国发布新版《导弹防御评估》报告，为全球一体化导弹防御系统的发展指明方向。俄罗斯将继续推进新一代预警系统的更新换代，研制和部署新型拦截系统。日本、韩国和以色列等国家根据各自的国情，加速发展本国导弹防御系统。据不完全统计，美国成功开展 4 次反导系统飞行试验，俄罗斯开展 2 次，以色列 4 次。

1　美国

1.1　美国发布新版《导弹防御评估》报告，首次将俄、中列为潜在对手

目前，美国已经基本建成全球一体化导弹防御系统，部署情况如表 1 所示。2019 年 1 月 17 日，美国特朗普政府发布新版《导弹防御评估》报告，该报告作为 2010 年《弹道导弹防御评估》报告的后续，是特朗普政府对未来导弹防御规划的首份文件，将指引美国导弹防御未来的发展重点和发展方向。

表 1　美国导弹防御系统装备当前状态

	型　号	部署现状
探测系统	天基	国防支援计划（DSP）	4 颗地球同步轨道（GEO）卫星
		天基红外探测系统（SB-IRS）	4 颗高椭圆轨道（HEO）和 4 颗 GEO 卫星
		空间跟踪与监视系统（STSS）	3 颗，包括 1 颗先进技术风险降低（ATRR）卫星和 2 颗演示验证卫星
	海基	海基 X 波段雷达（SBX）	1 部（母港-阿拉斯加州埃达克岛）
		舰载 AN/SPY-1 雷达	38 部（随宙斯盾舰全球部署）
		AN/TPY-2 X 波段雷达（前沿部署模式）	6 部（位于韩国星州郡、日本青森县车力基地和京丹后市、以色列、土耳其和卡塔尔）

型　号		部署现状
探测系统	陆基	
	改进的早期预警雷达（UEWR）	3 部（比尔空军基地、英国菲林代尔斯和格陵兰岛图勒），另外 2 部正在改进
	丹麦"眼镜蛇"雷达	1 部（阿拉斯加州谢米亚岛）
拦截系统	地基中段防御（GMD）系统	44 枚地基拦截弹（阿拉斯加州格里利堡 40 枚、加利福尼亚州范登堡 4 枚）
	海基"宙斯盾"反导系统	全球部署 38 艘"宙斯盾"舰，配备 300 余枚标准 3 拦截弹
	陆基"宙斯盾"反导系统	1 套陆基"宙斯盾"系统（罗马尼亚），配备 24 枚标准 3 拦截弹
	"萨德"系统	7 个导弹连，210 枚"萨德"拦截弹
	"爱国者"3 系统（PAC-3）	>800 枚 PAC-3 拦截弹
指挥、控制、作战管理与通信系统（C^2BMC）		正在部署 8.2-3 版本系统，具备区域管理多部雷达的能力及直接获取天基信息的能力，进一步强化全球作战管理能力

新版报告首次将俄、中两国列为潜在对手，将防御目标从弹道导弹拓展到高超声速武器等各类导弹，明确将采用威慑、主动和被动导弹防御及进攻性作战相结合的手段，来预防和防御导弹袭击，这也是与 2010 年报告的最大不同点。

1.2 地基中段防御系统实现首次齐射拦截，杀伤拦截器技术发展进行重大调整

2019 年 3 月 25 日，美国首次开展 GMD 系统齐射拦截试验，成功拦截 1 枚洲际弹道导弹靶弹，如图 1 所示。试验中先后发射 2 枚地基拦截弹。第 1 枚地基拦截弹成功拦截目标，第 2 枚拦截弹探测到碎片后，继续寻找其他可能的威胁。在确定没有观测到其他弹头后，选择了"最具威胁的目标"并对其进行摧毁。此次试验是 GMD 系统首次对

较复杂洲际弹道导弹目标进行齐射拦截，验证了齐射理论在导弹防御中的作用。

图 1　GMD 系统齐射拦截试验

在杀伤器研制方面，重新设计杀伤器（RKV）在 2019 年因"技术问题"未能通过关键设计评审，美国国防部 8 月正式终止与波音公司 RKV 的研制合同。受此影响，导弹防御局在 2020 财年预算申请中将多目标杀伤器（MOKV）计划归零，并于 8 月 29 日发布了下一代地基拦截弹征询书。征询书描述了一种功能更强大的系统，并指定了新系统将有效应对的近 50 种威胁场景。其中，有些作战场景蕴含严峻挑战，且超出现有防御网络的作战范围。新系统将采用碰撞杀伤方式和一对多拦截方式，部署在现有发射井内。

评估报告还指出，在美国本土新建拦截基地是增强本土防御能力的一个选择。美国国防部在国会压力下对东海岸的 4 个备选地点进行评估后，确定将德拉姆堡作为东海岸导弹防御基地首选地点，但具体实施方案受多个因素的制约影响。

1.3　继续研制新型雷达，下一代天基探测系统方案基本确定

2019 年，美国将继续研制新型雷达。1 月，美国海军在夏威夷完成 AN/SPY-6（V）1 防空反导雷达最后一轮研发试验，如图 2 所示，成功跟踪了第 15 枚弹道导弹目标，预计 2020 年交付，2023 年实现初始作战能力。洛马公司完成远程识别雷达的框架构建，交付了首批 20

块雷达面板，开始雷达系统的安装、集成和测试，计划于 2020 年部署在阿拉斯加州，2022 年接受作战验收。此外，美国计划于 2025 年底在日本部署本土防御雷达，与夏威夷雷达协作运行，以跟踪打击美国本土、夏威夷和关岛等地的洲际弹道导弹。

图 2　太平洋试验靶场的 AN/SPY-6（V）雷达

如图 3 所示，下一代天基探测系统将采用由近地轨道卫星与地球同步轨道卫星组成的混合架构。在高轨卫星方面，下一代过顶持续红外系统将用于取代现有天基红外探测系统。新系统将由 3 颗地球同步轨道卫星和 2 颗极地轨道卫星组成。2019 年 10 月 10 日，美国空军太空与导弹系统中心宣布，由洛马公司负责研制的 3 颗地球同步轨道卫星已通过初步设计评审，将于 2025 年交付。

在低轨卫星方面，导弹防御局正在与太空发展局、美国国防预先研究计划局（DARPA）和美国空军合作，开展高超声速和弹道导弹跟踪天基探测器（HBTSS）的原型方案设计。HBTSS 是美国太空发展局主导的大规模近地轨道天基架构的任务之一。大规模近地轨道将由空间传输层、跟踪层、监视层、威慑层、导航层、战斗管理层及支持层组成。2019 年 10 月，导弹防御局分别授予诺格公司、雷锡恩公司等 4 家公司 HBTSS 合同。根据合同内容，每家公司都必须在 2020 年 10 月 31 日之前设计探测器有效载荷样机。

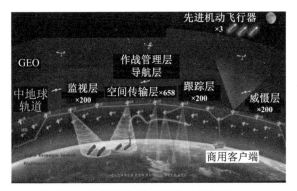

图3　大规模近地轨道天基架构

1.4 萨德系统成功开展首次远程发射拦截试验，验证全球快速机动部署能力

2019年8月30日，美军成功开展萨德系统首次远程发射拦截试验（FTT-23），如图4所示。试验发射了1枚中程弹道导弹靶弹，在AN/TPY-2雷达探测、跟踪到目标后，火控系统指挥1辆位于一定距离外的萨德系统发射车发射1枚拦截弹，成功摧毁靶弹。

图4　FTT-23试验中萨德系统拦截弹发射瞬间

2019年3月3日，美国、以色列开展军事演习，实现了一个飞行架次运输一整套萨德系统，其中包括AN/TPY-2雷达、发射装置、拦

截弹和指挥控制系统等。2019 年 5 月，美国将全套萨德系统从本土空运至罗马尼亚，随后横穿罗马尼亚 400 km 以上，如图 5 所示。这是迄今为止萨德系统在美国本土以外进行的最远距离的地面运输，验证了萨德全套系统的全球快速机动能力。

图 5　美军将萨德系统空运至罗马尼亚

1.5　强调发展多样化的导弹助推段拦截能力，推进先进机载拦截技术研究

美国继续发展机载动能和定向能拦截能力。在动能拦截方面，新版评估报告明确指出，将 F-35 隐身战斗机纳入弹道导弹防御系统，利用其机载传感器跟踪敌方，并考虑搭载新型拦截弹击落助推段导弹。2019 年，美军在橙旗评估（OFE 19-2）演习期间，成功实现 F-35 战斗机跟踪数据与一体化防空反导作战指挥系统的融合，为 F-35 纳入反导系统奠定基础。

在定向能拦截方面，美国继续推进低功率激光演示项目，征询开展高功率激光器演示验证的可行性。2019 年 3 月，导弹防御局成功开展低功率激光演示验证项目地面试验，以确定激光系统达到特定杀伤效果所需量级。试验结果用于建立激光摧毁目标材料和元器件的功率模型。导弹防御局正在资助研发两种高能电泵浦激光技术——劳伦斯利弗莫尔国家实验室的二极管泵浦碱激光系统和麻省理工学院林肯实验室的光纤组合激光器。两者都参与了此次试验。2019 年 4 月 1 日，导弹防御局发布激光器缩比项目的信息征询公告，征询在 2025 年开展 1 000 kW 级导弹防御激光器演示验证的可行性，最终将在 2023 年实现该技术由国家实验室向工业应用转化，并开始战略激光武器的制造。

1.6 推进高超声速防御项目，探索高超声速武器拦截能力

根据新版评估报告，导弹防御局正在开展高超声速防御架构备选方案研究，第一阶段将评估现有探测系统和武器系统防御高超声速威胁的效果。在预警探测方面，美国国防部正在改进现有天基和陆基探测系统采集和处理数据的能力，以实现高超声速滑翔武器的预警和跟踪；发展新型天基探测系统，以实现高超声速武器的探测和跟踪。

在拦截技术方面，导弹防御局授出 5 份高超声速防御武器系统方案，进一步探索高超声速武器拦截方案的可行性，研制周期为 2019 年 9 月—2020 年 5 月，如表 2 所示。其中，雷锡恩公司获得 2 份合同，继续研究高超声速防御的非动能方案和"标准" 3 中程防空导弹系统方案；洛马公司获得 2 份合同，用于进一步研制和完善"女武神"高超声速防御末段拦截弹方案及高超声速防御武器系统方案——"标枪"；波音公司获得 1 份合同，以推进其高超声速武器的超高速拦截器方案。

表 2 导弹防御局授出 5 份合同的基本信息

序号	承包商	项目名称	金额/万美元
1	洛马航天公司	高超声速防御武器系统方案——"标枪"	450
2	洛马导弹与火控系统公司	"女武神"高超声速防御末段拦截弹	440
3	雷锡恩导弹系统公司	"标准" 3 中程防空导弹	440
4	雷锡恩公司阿尔伯克基分部	高超声速防御非动能方案	430
5	波音公司	针对高超声速武器的超高速拦截弹方案	440

2 其他国家

2.1 俄罗斯继续部署新一代反导预警探测系统，成功开展多次拦截试验

2019 年 9 月 26 日，俄罗斯成功发射第 3 颗"苔原"新型导弹预警卫星，如图 6 所示。据称，星上还配备保密的核战应急通信有效载荷。俄希望在 2020 年用 6 颗卫星完成组网。10 月，俄罗斯军方表示 2024 年前将在克里米亚地区、科米共和国和摩尔曼斯克地区建造 3 座沃罗涅日新型陆基预警雷达，进一步提升针对西南方和北极的探测能力。在拦截试验方面，2019 年 6 月 6 日，俄罗斯在萨雷·沙甘发射场成功开展 A-235 飞行试验，试射前反导系统车队先将拦截弹装填至地下井。6 月 14 日，俄罗斯在普林谢茨克靶场再次成功开展 A-235 反导试验。

图 6 俄罗斯发射苔原卫星

2.2 以色列开展多次反导飞行试验，验证多层防空反导系统性能

2019 年 1 月 22 日，美国、以色列在以色列中部帕尔马奇姆空军基地成功开展"箭"-3 拦截试验。3 月 18 日，成功完成了大卫·投石索系统的第 6 次拦截试验。4 月 16 日，以色列国防军在中部基地开展了

"爱国者"和"铁穹"导弹防御系统联合演习，成功拦截了多个目标。此次演习是年度训练计划的一部分，旨在测试防空部队在不同作战场景下的准备度。7月28日，美国、以色列在阿拉斯加成功开展"箭"-3反导拦截试验（试验代号为FTA-01），如图7所示。试验前，以色列使用一架"安"124飞机将"箭"-3系统运至阿拉斯加科迪亚克太平洋试验中心。美军AN/TPY-2雷达也参与了此次试验。

图7 "箭"–3反导拦截试验

2.3 日本将引进陆基"宙斯盾"系统，与美国商讨部署本土防御雷达

2019年1月29日，美国国务院批准日本以21.5亿美元购买2套陆基"宙斯盾"弹道导弹防御系统。出于经济因素的考虑，日本政府决定购买的2套陆基"宙斯盾"系统不具备协同交战能力，这意味着该系统将无法遂行防空任务，只能担负弹道导弹防御的单一用途。

此外，日本与美国正在就本土防御雷达部署问题开展谈判。美国政府希望在日本部署本土防御雷达，用于跟踪向美国本土、夏威夷和关岛等地发射的洲际弹道导弹。如果两国达成一致，则日本将在2025年年底实现部署，可显著增加美国探测中俄战略导弹的能力。

2.4 韩国将增购反导雷达和"宙斯盾"舰，提升防御能力

2019年8月14日，韩国国防部公布《2020—2024年国防计划》，

计划未来5年内增购2部地面反导预警雷达和3艘新型"宙斯盾"驱逐舰。新型驱逐舰将配备美制"宙斯盾"作战系统和"标准"3拦截弹，预计2028年前交付部队。韩国还寻求通过部署PAC-3改进型拦截弹及"天马"-2导弹，研发远程面对空导弹来增强其多层拦截能力。

3　发展评述

3.1　美国进一步明确导弹防御的地位，拓展导弹防御系统的体系架构

2019年，美国政府发布新版《导弹防御评估》报告，再次强调导弹防御是美国国家安全和防御战略的重要组成部分，是美国优先发展的国防项目，报告首次将俄、中列为潜在威胁对象，未来将构建可应对弹道导弹、巡航导弹和高超声速导弹等各类导弹武器的防御体系。报告明确提出，要将F-35隐身战斗机和高超声速防御项目纳入新的反导体系中，构建天基探测系统，提升地基中段拦截系统的性能和部署规模，推进先进机载定向能拦截技术的研究和高超声速武器拦截能力的发展。

3.2　俄罗斯继续推进反导系统的现代化建设，构建多梯次空天防御体系

俄罗斯继续部署新一代反导预警探测系统，推进俄反导系统的现代化改进。俄罗斯将在2020年实现天基预警系统的组网，未来5年将继续增加新一代预警雷达的部署规模，届时将实现以莫斯科为中心、以欧洲为重点的环形预警能力。俄罗斯将继续研制A-235系统，2020年部署S-500系统。未来，俄罗斯将成功构建空天预警体系，形成战略与非战略反导系统的多梯次配置与拦截能力。

3.3　日本、韩国、以色列等国加强与美国的军事合作，建设本国区域反导系统

日本、韩国、以色列继续依托美国，通过联合研制和采购等方式

建设本国的反导系统。其中，日本将成为美国在亚太的重要支点，引进陆基"宙斯盾"系统，联合研制"标准"3-2A导弹，部署本土防御雷达，提升针对中俄弹道导弹和高超声速武器的预警探测和拦截能力。

4 结束语

本文梳理了 2019 年国外导弹防御系统的部署现状和最新研制进展，并对其发展进行评述。美国导弹防御系统已实现全球部署，未来将构建针对巡航导弹、弹道导弹和高超声速武器的导弹防御系统。俄罗斯、以色列、日本、韩国将依据各自的国情，进一步提升反导能力。

参考文献

［1］ 2019 Missile Defense Review. The Secretary of Defense，https：//media. defense. gov/ 2019/Jan/17/2002080666/-1/-1/1/2019-MISSILE-DEFENSE-REVIEW. PDF，2019.

［2］ 熊瑛，齐艳丽. 美国 2019 年《导弹防御评估》报告分析［J］. 飞航导弹，2019（4）.

［3］ 熊瑛，齐艳丽. 美国导弹防御系统能力及装备预测分析［J］. 战术导弹技术，2019（1）.

［4］ Homeland missile defense system successfully intercepts ICBM target. https：//www. mda. mil.

［5］ Paul M. Pentagon issues classified RFP for new missile interceptor. https：//breaking-defense. com/2019/09/pentagon-issues-classified-rfp-for-new-missile-interceptor/，2019-09-06.

［6］ Stephen C. Russia launches missile warning satellite. https：//spaceflightnow. com/ 2019/09/26/russia-launches-missile-warning-satellite，019-09-26.

［7］ Sandra E. Missile Defense Agency selects four companies to develop space sensors. https：//spacenews. com/missile-defense-agency-selects-four-companies-to-develop-space-sensors/，2019-10-30.

［8］ Staff W. Israel and US test Arrow 3 ballistic missile interceptors. https：//thedefense-post. com/2019/01/22/israel-us-arrow-3-ballistic-missile-intercepter-test/，2019-01-22.

通用拦截器的发展与启示

臧月进　李仁俊　范晋祥

针对美国计划发展的通用拦截器，介绍了反导拦截器的发展现状，剖析了通用拦截器的发展重点和重要意义，最后提出了动能拦截器（KKV）的未来发展趋势设想。

引　言

为指导大气层外拦截器的长期规划，改进当前外太空杀伤拦截器（EKV），美国导弹防御局正计划未来 5 年重点发展一种新的高性能、高可靠性、高度可生产，并可用于地基拦截弹和"标准"-3 的未来改进型通用拦截器技术，作为美国国土防御拦截弹的下一代 EKV 竞争发展可选方案，其组件技术和结构可以用于国土和区域防御。

本文研究了美国动能反导武器的现状，介绍了目前用于中段反导 EKV 和轻型外大气层射弹，剖析了通用拦截器的发展重点和意义，最后提出了动能拦截器（KKV）的未来发展趋势设想。

1　反导 KKV 的发展现状

伴随美国战略防御倡议计划的实施，美国研究并试验了一系列动能拦截器，以应对日益加剧的弹道导弹威胁，如图 1 所示。

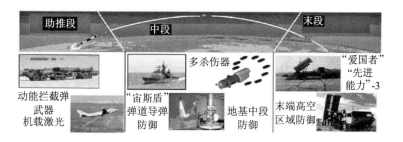

图 1　美国多层次弹道导弹防御体系

动能拦截弹由助推火箭和作为弹头的 KKV 两部分组成，借助 KKV 高速飞行时所具有的巨大动能，通过直接碰撞摧毁目标，威力巨大。发展动能拦截弹技术的关键，是发展能够与目标直接碰撞的 KKV。

目前针对弹道导弹飞行中段，根据作战使命，美国有两套系统——地基中段防御系统（GMD）和"宙斯盾"导弹防御系统，分别采用地基拦截弹和海基"标准"-3 拦截弹。

1.1 地基拦截弹与 EKV

地基中段防御系统用于对付中、远程和洲际战略弹道导弹，主要由预警卫星、地基预警雷达、地基/海基 X 波段雷达、携带大气层外动能拦截器的地基拦截弹（如图 2 所示），以及作战管理/指挥、控制、通信系统（C^2BMC）5 部分组成。

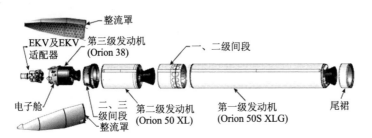

图 2　地基拦截弹与 EKV

地基拦截弹是一种先进的动能拦截防御武器，由一个多级火箭推进器、一个 EKV 和发射拦截弹所需的地面支援设备等组成，可在弹道导弹飞行中段跟踪、获取弹道导弹弹头数据，EKV 能够识别真假弹头，并以动能摧毁目标。EKV 具有 4 个互相垂直的液体轨控发动机用于轨道调整，还有 6 个姿控发动机用于姿态调整和保持，具有三轴稳定的姿态特性，其基本参数如表 1 所示。

表 1　EKV 基本参数

长度/m	1.4	比冲/s	300
直径/m	0.6	导引头	中波和长波红外
质量/kg	64	探测距离/km	>600
发动机	轨控：4，姿控：6	轨控/N	2 000
燃料/kg	15	机动能力	2～5 g

1.2 "标准"-3 与轻型外大气层射弹

"宙斯盾"导弹防御系统是一种可以在海上机动部署的中段防御系

统。根据部署位置的不同，该系统既可拦截在中段上升段飞行的弹道导弹，也可拦截在中段下降段飞行的弹道导弹。该系统以美国海军的"宙斯盾"巡洋舰和驱逐舰上现有的设备为基础，主要由改进的雷达、作战管理系统和新研制的"标准"-3动能拦截器等组成，如图3所示。

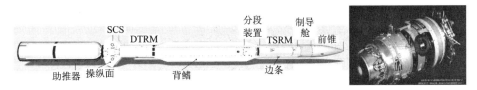

图 3 "标准"-3 与轻型外大气层射弹

"标准"-3 导弹以大气层内防御使用的两级"标准"-2 IVA 导弹为基础，改进成为 4 级大气层外使用的拦截导弹。"标准"-3 弹头采用轻型外大气层射弹，它实际上是具有轨控和姿控系统及长波红外导引头的空间小型拦截器，轻型外大气层射弹主要由导引头组件、制导组件、固体姿轨控系统和弹射机构 4 个部分组成，其基本参数如表 2 所示。

表 2　轻型外大气层射弹基本参数

长度/m	0.56	比冲/s	285
直径/m	0.254	导引头	长波红外焦平面成像
质量/kg	16.7	轨控/N	500
发动机	轨控：4，姿控：6	飞行时间/s	28
燃料/kg	4.5	最大速度/(km·s^{-1})	3

2　通用拦截器的发展分析

2.1　项目由来

地基拦截弹旨在拦截远程导弹，是美国国土地基中段防御的主要拦截弹；"标准"-3旨在拦截短程和中程导弹，部署在美国若干艘海军军舰上。

美国导弹防御局为应对演化的和未来的威胁，降低地基拦截弹和"标准"-3项目的风险和成本，提高准确度和可靠性，研究发展通用拦截器，提供对通用化结构和接口开发的支持，使其具备了平衡应对演进的威胁，并以较低的成本获得改进性能的弹道导弹防御体系结构的机会。

2.2 发展重点与关键技术

目前重点开发应用于地基拦截弹和"标准"-3拦截弹改进型的通用拦截器项目，总策略是定义一个可以改进性能、接口通用并能标准化地升级和替代关键组件的模块化、开放系统拦截器结构。

项目包括研发和试验推进系统、寻的器等多种技术，重点发展以下5方面：

（1）加速发展通用拦截器，使其在对致命物体的识别、装备数量和单发拦截成本等方面实现平衡。

（2）定义一个拦截器结构、通用组件接口和标准，以便于对拦截器的改进、提高性能并拓宽未来升级改进的供应商范围。

（3）加大旨在提高拦截概率和拦截弹可靠性的关键技术（包括推进、管型和其他形式的导航、电池和传感器组件）上的开发力度。

（4）聚焦拦截器组件和子系统上旨在支持对目标的远距离截获和识别、长运行时间、精确的姿态控制和减小拦截器质量的技术推进。

（5）其他领域，包括交战管理方法和非专有算法、体拦截技术和增加致命性的技术。

为支撑上述5方面的计划，通用拦截器将重点开发测试的关键技术和概念包括：高性能、轻质机动推进技术，远距离截获导引头，改进导引头识别能力，交战管理算法，非专有软件、算法、建模和仿真。

3 发展通用拦截器的意义

3.1 提高了现有导弹防御拦截弹能力

通用拦截器可以为应对单威胁和利用单个导弹摧毁多个致命物体

的体拦截概念的通用拦截器解决方案奠定基础，为作战者提供重新评估地基拦截弹和"标准"-3导弹改进型射击策略的能力，提高应对大规模攻击的概率。

同时，通用拦截器便于关键组件的快速升级、替代和更新，组件技术和结构具有提高导弹防御拦截弹能力的潜力。通过研究、构建和试验关键的概念，如高性能机动推进、远距离识别导引头、轻质抗辐照综合电子系统、交战管理算法、非专用软件、建模和仿真，以及可能的体拦截有效载荷，把这些概念综合在一起能更好地应对将要出现的更强威胁，新技术可能提高所有导弹防御拦截器的能力，提高对美国国土的防御能力，解决突发威胁，提升本土防卫。

3.2　可针对性发展下一代拦截器

导弹防御局在通用拦截器技术上的研发投资，一定程度上弥补了取消"标准"-3ⅡB拦截器项目留下的空白。

随着通用拦截器技术的发展，通过定义下一代EKV的技术参数和性能能力，使得应用于下一代EKV和未来拦截器开发的子系统和组件的通用性最高，可针对地基拦截弹和"标准"-3改进型发展下一代可部署、可升级的拦截器。

3.3　加快推动动能拦截器标准化进程

通用拦截器可以指导结构和通用接口的开发，通过定义一个可改进性能、接口通用并能标准化地升级和替代关键组件的模块化的、开放系统拦截器结构，可以提高下一代EKV和未来拦截器开发的子系统和组件的通用性。同时，导弹防御局通过与工业界和供应商合作，定义模块化的开放结构，提高通用拦截器结构所有组件的竞争和国际合作的机会，以最低的成本使可靠性和性能获得提升，便于对拦截器改进和提高性能，并拓宽未来升级改进的供应商范围。

4　KKV的发展趋势

通用拦截器作为KKV中的一类特殊拦截器，从美国导弹防御局规划发展通用拦截器的情况可以看出，未来 KKV 的发展将主要呈现通用化、多用途和智能化的发展趋势。

4.1 通用化

通过跟踪分析，通用拦截器计划实现中段反导在地基和海基平台上 KKV 技术的统型，实现了不同平台间的通用化。其实，KKV 的通用化主要包括两个方面：发展可用于大气层外作战、大气层内作战和大气层内外作战的通用 KKV 技术；发展不同平台通用的 KKV 技术。

目前，美国已完成战区导弹防御 KKV 通用化可行性研究的前期工作，包括大气层内或大气层外使用的各种 KKV 通用化，同时正探索既可地基、也可海基部署的多用途拦截弹。

4.2 多用途

从通用拦截器的关键概念和技术角度出发，包括非专有的算法、通用组件接口和标准，其具备了显著的多功能、多用途特征。发展碰撞拦截 KKV 及其技术的初衷是防御弹道导弹和反卫星，但随着信息技术、光电子技术、材料技术和微机电技术等迅速发展，结合威胁的变化和新的军事应用，KKV 的功能在不断扩充和增强，具体表现在：

（1）KKV 的类型不断发展，美国已发展了单轴稳定动能拦截器、三轴稳定动能拦截器及许多特殊类型的 KKV。

（2）KKV 的应用已从空间攻防、反导防御拓展到主动防御、武器平台自卫等多个领域，例如可利用大气层内 KKV 技术，改进现有防空导弹，提高导弹的作战效能。

（3）KKV 的功能从对目标的硬拦截，发展到硬拦截和软拦截兼备。

4.3 智能化

据情报显示，美国规划中的通用拦截器的探测距离将达 2 000 km，具备 15g 左右机动能力，同时将重点研发两项激光技术协助解决寻的器对诱饵弹头和真实弹头的区分及上升段防御。

同时，为实现多目标拦截能力，提高拦截概率，以替代美国导弹防御局曾实施但现已中断的一个多拦截器（MKV）项目，美国正在探索KKV新技术，通过信息链将群体作战的各个KKV联系起来，实现信息交换、感知战场态势，从而实现KKV拦截器的智能作战。

为智能化地完成跟踪、识别、拦截的全过程，需采用一系列关键技术：KKV识别技术、精确制导与控制技术、提供拦截弹姿态和速度信息的惯性测量技术、KKV实现高机动能力、直接碰撞拦截目标的姿控与轨控技术、传感器融合技术。

5 结束语

随着军事科技的进步，动能武器发展迅速，技术趋于成熟，基本型、系列化的研制思路正逐步向动能反导武器领域拓展，动能武器也正顺应着"统型"的大潮流。通用拦截器在降低成本、武器系统标准接口等多方面的优势凸显无疑，动能武器必将逐步向通用化、多用途和智能化迈进。

参考文献

[1] 邵余红. 反导动能拦截武器的现状与发展研究 [J]. 现代防御技术，2012 (8).

[2] 赵鸿燕. 美国反导动能拦截器发展研究 [J]. 航导弹，2016 (6).

[3] James C K, John M C. Exoatmospheric intercept：a gold mine for signature and impact data. AIAA 92-1436.

[4] 朱枫，韩晓明，何小九. 新型反战术弹道导弹拦截杀伤技术——直接碰撞动能杀伤 [J]. 飞航导弹，2016 (2).

[5] 陈德源，刘庆鸿. 直接碰撞动能拦截技术的发展和应用 [J]. 现代防御技术，1997 (5).

[6] 刘代志，刘志刚，慕晓冬. 美国导弹防御系统的演化发展与关键技术 [J]. 上海航天，2002 (5).

[7] 彭灏，李业惠，张素梅. 多拦截器：弹道导弹防御的新锐 [J]. 现代军事，

2006（1）.

[8] 温德义，胡劲松. 美国新概念动能拦截器［J］. 现代军事，2003（6）.

[9] 周伟，郭纲，胡惠军. 导弹防御新途径——美国多杀伤器拦截系统及其威胁分析［J］. 装备指挥技术学院学报，2009（4）.

[10] 彭灏. 标准-3 II A 型拦截弹的战略反导能力分析［J］. 飞航导弹，2017（6）.

[11] 葛云鹏，杨军，袁博，等. 基于层次评估理论的弹道导弹末段突防制导律研究［J］. 导航定位与授时，2016，3（4）.

[12] 朱枫，朝晓明，何小九. 助推段反导作战发展现状综述［J］. 飞航导弹，2017（1）.

2019 年国外弹道导弹
发展回顾

刘 畅 夏 薇 张 莹

2019 年,世界各国积极推进弹道导弹发展。美俄进一步加强弹道导弹的现代化建设,研发新型运载平台和弹头。印度和朝鲜立足已有技术基础,力争发展多种运载平台的投送能力。本文对2019 年国外弹道导弹领域重大热点事件进行了综述和分析,对飞行试验和装备情况进行了统计,并对 2020 年国外弹道导弹的发展进行了展望和预测。

引　言

2019 年，美国退出《中导条约》，发展《中导条约》所禁止的陆基中程导弹武器装备，继续推动新一代核武器发展。俄罗斯仍重点发展战略核威慑力量，持续推进陆海空基战略装备的更新换代。首批"先锋"高超声速战略武器系统投入初始战斗值班，携带布拉瓦导弹的新型"北风"-A 级战略核潜艇列入北方舰队服役。印度导弹试射频率和种类数量突破记录，中近程导弹技术水平已趋于成熟，进一步验证导弹武器系统全天候、多平台的作战能力。朝鲜通过频繁发射弹道导弹、公开新型武器、进行大型液体发动机静态试验，展现朝鲜防卫能力，以此向美国施加压力，希望美国尽快提出挽救核外交的新建议。

1　美国

据《原子能科学家公报》2019 年统计，美国空军目前部署 400 枚"民兵"3 洲际弹道导弹，共携带 400 个核弹头；海军拥有 14 艘俄亥俄级弹道导弹核潜艇，其中 12 艘处于作战巡逻状态，共装备 240 枚"三叉戟"2 潜射弹道导弹，携带 890 个核弹头。

2019 年，美国共开展 8 次战略弹道导弹飞行试验，试射"民兵"3 导弹 4 次，"三叉戟"2 导弹 4 次，全部成功。

1.1　美国退出《中导条约》，发展陆基中程导弹武器

2019 年 2 月 1 日，美国国务卿蓬佩奥宣布，美国将从 2 月 2 日起暂停履行《中导条约》，同时启动为期半年的退出条约程序。8 月 2 日，美国正式退出《中导条约》。

8 月，美国试射了一枚射程超过 500 km 的陆基型"战斧"对陆攻击巡航导弹。12 月，美国试射了新型陆基中程弹道导弹，射程可达 500 km。目前，美国已经开始重新发展《中导条约》所禁止的陆基导弹武器装备，其中包括巡航导弹、弹道导弹和高超声速导弹三类武器。

美国退出《中导条约》对国际核裁军产生负面影响，破坏了全球

战略平衡和稳定。美国很有可能借机在东欧，特别是在包括日本在内的东亚地区部署陆基中程导弹力量，增强在该地区的进攻性力量，严重威胁我国的战略安全。

1.2 诺格公司成为陆基战略威慑系统项目最终承包商

美国新一代洲际弹道导弹陆基战略威慑系统（GBSD）于6月20日完成系统功能审查。

7月16日，美国空军发布陆基战略威慑系统需求建议书，为该武器系统的工程制造与开发阶段寻求合同承包商。该武器系统技术成熟与风险降低阶段合同有两家承包商，分别为波音公司和诺格公司。波音公司拒绝参与工程制造与开发阶段的竞标，原因是诺格公司在固体火箭发动机工业领域享有"不公平优势"。

10月21日，波音公司宣布其陆基战略威慑系统项目的技术成熟与风险降低阶段合同资金被取消，这将使诺格公司最终获得陆基战略威慑系统项目合同，成为最终承包商。

1.3 "三叉戟"2导弹将延寿改进服役至2083年

2月22日，美国海军战略系统项目（SSP）办公室向工业界发布征询公告，研究"三叉戟"2 D5潜射弹道导弹的第二次延寿计划，这一计划将使该武器系统的服役时间从目前的2042年延长至2083年。

该征询公告指出，海军战略系统项目办公室要求开展降低技术、硬件和架构风险的工程研究，改变"三叉戟"2延寿型导弹在材料和部件上的老化趋势，延长其寿命以达到新型哥伦比亚级战略弹道导弹核潜艇的最终服役期限。"三叉戟"2导弹在1983年开始全尺寸研制，2083年其全寿命将达到一个世纪。

1.4 装备潜射弹道导弹的首批 W76-2 低当量核装置生产完成

2月22日，美国国家核安全管理局在得克萨斯州阿马里洛潘特克斯工厂成功完成了首批 W76-2 核装置的生产。

首批 W76-2 核装置的生产标志着国家核安全管理局正按照 2018 年《核态势评估》报告的相关要求快速推进低当量核装置的研制工作，并在短时间内达到项目关键里程碑。

针对不断变化的威胁环境，W76-2 核装置能够帮助美国实现定制威慑战略。W76-2 计划是在"三叉戟" 2 导弹 W76-1 核装置的基础上进行改进的，将为美国提供海上发射低当量弹道导弹弹头的能力。

2019 年，美国仍将三位一体核力量建设作为关注重点，投入巨资升级核武库，不断提升武器系统的技战术性能，核武库现代化计划全面推进且进展顺利。同时，为满足新兴战略要求，美国生产首批装备潜射弹道导弹的低当量核装置，加速发展陆基中程导弹武器，抢占战略与技术优势，提升导弹武器系统的灵活性和多样性。

2 俄罗斯

据《原子能科学家公报》统计，俄罗斯目前共部署"白杨"、"白杨" M、"亚尔斯"、"撒旦"和"匕首" 5 种型号大约 318 枚洲际陆基弹道导弹，可携带约 1 165 枚核弹头；海军拥有 12 艘战略导弹核潜艇，共部署"虹鱼""蓝天""布拉瓦" 3 种型号大约 160 枚洲际海基弹道导弹，可携带约 720 枚核弹头。

2019 年，俄罗斯共开展 12 次战略、战术弹道导弹飞行试验，试射"亚尔斯"导弹 2 次、"白杨" M 导弹 1 次、"白杨"导弹 1 次、"布拉瓦" 2 次、"蓝天" 2 次、"虹鱼" 1 次及"伊斯坎德尔"导弹 3 次，全部成功。

2.1 俄开始研发和制造多型中程导弹

针对美国于 2019 年 2 月 2 日起暂停履行《中导条约》义务、启动退约程序这一重大事件，俄总参谋部制定了一系列应对措施，并且已获得俄总统的批准。

俄国防部长绍伊古在国防部会议上宣布将采取两方面应对举措。首先，美国已在制造射程超过 500 km 的陆基导弹。对此俄罗斯将在

2019—2020年期间开发一种基于海基口径巡航导弹系统的超声速陆基远程巡航导弹。该导弹可以较容易地改装成陆基发射筒垂直发射的导弹。绍伊古指出，将海基和空基型巡航导弹技术应用于陆基巡航导弹可缩短新型导弹生产时间并且节约经费投入。另一项举措：俄罗斯将增加几种在研陆基导弹的射程，但并未透露更多信息。国防部长绍伊古表示相关研制经费出自2019年和2020—2021年国防计划。俄军事分析人士称，如果"伊斯坎德尔"导弹增加推进剂，则实际射程能够达到2 000～3 000 km，只要有政治意愿，俄罗斯就能在短期内形成陆基中程核力量。俄外交部长谢尔盖·拉夫罗夫目前宣称，俄罗斯的立场是除非欧洲将美国或者自己的中程核力量部署在欧洲战场上，否则俄罗斯不会先采取行动。

2.2 "先锋""亚尔斯"等战略导弹系统批量部署

俄总统明确2019年进一步加强战略核力量现代化建设，重点发展可突破先进反导系统、能力更强的现代化武器装备。全年俄国防部共接收21套"亚尔斯"战略导弹系统和2套"先锋"洲际弹道导弹系统，并担负战斗值班，开始批产"先锋"战略导弹系统。

11月底至12月初，俄军首次装备2套"先锋"战略导弹系统。该系统携带"先锋"高超声速滑翔弹头，在稠密大气层中飞行速度可达马赫数20，能在航向和高度上进行机动，并突破导弹防御，这是世界上部署的第一款高超声速核弹头，运载工具为SS-19导弹系统。当前，装备在战略火箭部队奥伦堡地区的栋巴罗夫斯克导弹兵团。

俄国防部透露，俄联邦武装部队计划共装备2个"先锋"导弹团，每个团由6枚导弹组成。"先锋"战略导弹系统携带的高超声速滑翔弹头由俄机械制造科研生产联合体研制，于2004年开始测试和试验。

2.3 强化军事演习震慑美欧敌对势力

2019年，俄军组织各类军事演习约1.8万次，普京指出，在本年度各类军事演练过程中，首先提升战役与战斗训练质量，不断提高标准，不可按照模式框架行动。演习及海上远航的计划要考虑到非常规的形势、最现代化的作战方式方法及训练使用新式武器装备。

其中，雷鸣战略核力量演习规模最大，其间共进行 16 次各种部署方式的导弹实弹发射，包括"虹鱼""蓝天"潜射战略弹道导弹、"亚尔斯"陆基机动发射战略导弹、"伊斯坎德尔"战术弹道导弹、口径巡航导弹、空射核巡航导弹等。俄国防部称，此次演习主要任务是检验核力量的指挥有效性与战略威慑力量的战备性。外界分析，本次核军演的政治意图在于震慑美国及其北约盟国，防止北约追随美国政策并允许美国部署中程导弹。

2.4 潜射战略导弹实战能力遭受质疑

在"雷鸣"战略军演中，"布拉瓦"导弹没有按计划发射，俄媒体和部分军事分析人士表达了"布拉瓦"导弹存在实战能力弱的忧虑。

俄军事分析人士克里马特称，一旦俄军发出冰下发射"布拉瓦"战略导弹的指令，该导弹在 1 ~ 2 天后才能发射，因为新型核潜艇需要较长时间找到较大且通畅的冰洞发射，因此可判断，"布拉瓦"潜射战略导弹系统战斗准备能力有限。

此外，外媒透露，以"布拉瓦"导弹的命中精度，无法在第一轮核打击中摧毁类似美国的"民兵"3 战略导弹发射井等重要战略目标。俄前国家杜马委员阿尔克斯尼斯还指出，"布拉瓦"导弹上的微电路由拉脱维亚的阿尔法制造公司生产，因为该国是北约国家，可能在微电路中夹带某些设置，存在安全隐患。

2019 年，战略核力量的发展仍是俄罗斯军备建设的重中之重。俄罗斯率先装备世界上第一批高超声速战略导弹系统，进一步提升战略导弹突防能力，核力量更新换代计划进入关键时期，近 1 ~ 2 年核武器现代化率将达到 90%。

3 印度

2019 年，印度共进行了 5 次弹道导弹飞行试验，包括"大地"-2

导弹 2 次、"烈火"-2 导弹 1 次、"烈火"-3 导弹 1 次、K-4 导弹 1 次，失败 1 次（"烈火"-3 导弹），成功 4 次。试验总数较往年有所下降。全年试验重心旨在验证近中程导弹多平台、全天候的技术水平。

继 2018 年，印度初步验证了"歼敌者"号核潜艇与 K-15 导弹形成"弹艇合一"的作战能力后，2019 年，印度进一步加快推进 K-4 潜基中程导弹的研制和试验进程。K-4 是在"烈火"-5 导弹基础上发展而来的固体中程潜射弹道导弹，发射质量约为 17 t，弹长 12 m，弹径 1.3 m，射程为 3 500 km，弹头质量为 2.5 t。未来，印度还计划研制 K-4 改进型，通过将弹头质量降低到 1 t，使射程提高到 5 000 km。K-4 潜射弹道导弹使印度具备了在己方海域打击南亚及东亚纵深战略目标的能力，对增强印度核力量的生存能力和使用灵活性具有无可替代的作用。

2019 年 11 月，印度进入导弹试射高度密集期，11 月 8 日，试射 K-4 潜射远程弹道导弹；11 日试射布拉莫斯超声速巡航导弹；11 月 16 日晚，印度在位于东部奥迪沙邦的卡拉姆岛综合试验场第四发射场移动发射装置成功进行了"烈火"-2 中程弹道导弹首次夜间试射。印度军方强调，本次试验是由陆军特别组建的核战略司令部（SFC）在印度国防研究与发展组织（DRDO）的后勤支持下进行的，是印度武装部队进行的一次常规训练。11 月 20 日，试射"大地"短程弹道导弹。11 月 30 日，印度进行"烈火"-3 导弹首次夜间飞行试验，但导弹大约飞行 115 km 后被发现偏离飞行轨迹，后续飞行被迫终止，导弹与第一级发动机分离后坠海，发射以失败告终，初步判断失败原因是该导弹的零部件存在缺陷。

此次印度试射密集程度不但创下了印度导弹试射频率之最，更是创下了种类数量历史新高。印度一个月内密集试验印度主力核导弹，一方面是为了检验这些导弹战备能力，另一方面也是向外界展示核战力。但"烈火"-3 的发射失败让"烈火"系列弹道导弹项目再一次遭到打击。

4 朝鲜

2019 年，朝鲜频繁进行弹道导弹飞行试验，共计 12 次试射，其中

KN-23新型导弹6次、"北极星"-3新型潜射导弹1次、KN-02导弹5次。

10月2日，朝鲜国防科学院在东海元山湾近海成功试射了1枚"北极星"-3新型潜射弹道导弹。韩国国防部称，朝鲜本次垂直发射的导弹，最大飞行高度约910 km，飞行了17 min，飞行距离约450 km。该导弹采用高弹道发射，若以标准弹道发射进行估算，那么"北极星"-3的最大射程可达到1 900 km。美国国际战略研究所高级研究员迈克尔·埃尔曼表示，从朝中社当天发布的多张"北极星"-3图片中可以看出，导弹在冲出海面后，点燃了第一级发动机。本次发射为"北极星"-3导弹的首次飞行试验。如果朝鲜拥有从潜艇发射导弹的能力，这对美国及其盟友将是一种威胁。朝中社报道称，本次试射的主要目的：一是科学地验证最新设计的弹道导弹的核心战术技术指标；二是展示朝鲜在军事力量方面的最新重要成果，给外部势力施压。报道还称，此次发射并未对周边国家的安全产生任何负面影响。

12月7日，朝鲜在西海卫星发射中心的发射台上进行"银河"-X火箭第一级发动机的静态试验；12月13日，朝鲜在西海卫星发射中心进行第二次重大试验，并明确表示试验时间持续了7 min。随着朝美谈判最后期限的临近，朝鲜通过进行大型液体发动机试验进一步向美国施压，催促美尽快将朝美谈判提上日程。

2019年，朝美进行了两次会晤，第一次双方因在对朝制裁问题上产生分歧，未能达成协议；第二次朝美再次在韩朝非军事区见面，这是朝鲜战争停战66年后，朝美领导人首次在板门店会晤，预示着半岛无核化有了新的希望。但美国一直处于拖延状态，并没有拿出实际性的举动，导致2019年朝鲜再次频繁发射弹道导弹，公开新型武器，展现朝鲜防卫能力，其本意是向美国施加压力，希望美国尽快提出挽救核外交的新建议。从当前的发展态势看，美朝双方都还没有关闭谈判窗口，为了自身利益，将进入到长期的谈判相持阶段，但双方爆发武装冲突的可能性很低，因为开启战争不符合双方的利益需求。

5 结束语

未来，美国将全面推动新一代三位一体战略核力量的发展，同时随着美国退出《中导条约》，美陆军已经确定了分阶段发展包括弹道、巡航和高超声速等在内的多种陆基导弹武器，射程范围覆盖近程到中远程。预计，2020年左右将首先装备陆基巡航导弹。

俄罗斯继续加强战略核力量现代化建设，重点发展可突破先进反导系统、能力更强的现代化武器装备。预计，2020年"萨尔玛特"战略导弹将开展飞行试验，"亚尔斯""先锋"陆基战略导弹系统及"布拉瓦"潜基战略导弹系统将继续部署。

印度将进一步加快远程导弹的研制进程，开展"烈火"-5导弹和K-4潜射导弹的技术验证飞行试验，提升印度导弹武器系统多平台的打击能力。朝鲜仍将频繁进行近程导弹飞行试验和新型导弹技术验证试验，以此向美国施压，朝美谈判将进入博弈期。

参考文献

[1] Hans M K，Robert S N. United States nuclear forces，2019. Bulletin of the Atomic Scientists. ISSN：0096-3402（Print）1938-3282，2019-04-29.

[2] Watch the Pentagon test a previously banned ballistic missile. https：//www. defense-news. com/space/2019/12/12/pentagon-tests-previously-banned-ballistic-missile/，2019-12-13.

[3] With Boeing no-bid，Northrop is the likely maker of US Air Force's next-generation ICBMs. https：//www. army times. com/resizer/hityNvUynjA6AjbuFKmif9M97cA=/1200x0/filters：quality（100）/arc-anglerfish-arc2-prod-mco. s3. amazonaws. com/public/KJEZEN4A3NAF5GRWL6GKFZDVHA. jpg" alt = " " /，2019-12-14.

[4] Pentagon plans to revisit GBSD price tag in late spring. https：//insidedefense. com/daily-news/pentagon-plans-r evisit-gbsd-price-tag-late-spring，2019-11-13.

[5] С полигона Капустин Яр произвели запуск ракеты "Тополь". https：//tass. ru/armiya-i-opk/7222423，2019-11-28.

［6］ Hans M K, Matt K. Russian nuclear forces, 2019. Bulletin of the Atomic Scientists. ISSN：0096-3402（Print）1938-3282. 2019. 3. 4.

［7］ India conducts maiden night trial of nuke-capable Agni-Ⅲ missile. https：//sputniknews. com/military/ 201911301077445079-india-conducts-maiden-night-trial-of-nuke-capable-agni-iii-missile/India，2019-03-04.

远程反舰导弹性能特点与作战使用研究

侯学隆

在简要介绍远程反舰导弹研制背景、研制进展与设计要求的基础上，从技术实现途径角度重点阐述了远程反舰导弹防区外发射、先进综合突防、自主智能作战、组网协同作战等主要性能特点，并从装备平台、任务剖面、打击目标、作战模式及兵力运用方面分析了远程反舰导弹的可能作战使用方法，对深化理解远程反舰导弹设计思想、技术路线、作战机理及使用方法具有一定的参考价值。

引　言

进入新世纪以来，美军发现潜在作战对手"反介入/区域拒止"（Anti-access/Area Denial，A2/AD）能力显著增强、而自己正逐步丧失进攻性反水面战（Offensive Anti-Surface Warfare，OASuW）的优势地位。作为现役唯一专用的"鱼叉"反舰导弹是 20 世纪 70 年代末研发的，服役已近 40 年，在射程、生存能力、打击威力等方面已不能满足日益恶劣的对抗环境作战所需，美军急需一种高性能反舰导弹以弥补远程反舰火力缺口。

伴随着"空海一体战"（Air-Sea Battle，ASB）概念的提出，为支撑海、空军海上联合封锁、海上联合打击作战，新一代远程反舰导弹（Long Range Anti-Ship Missile，LRASM）被赋予远程精确打击、先进综合突防、自主智能作战、组网协同作战、高命中精度、致命毁伤威力等多种能力，能够在复杂对抗环境下突破敌先进综合防御系统，一举摧毁敌高价值海上目标。

目前，远程反舰导弹是美海、空军共用的唯一专用反舰导弹，被美国国防部寄予厚望，正呈加速推进之势。该型导弹的实战部署将促使美海、空军联合制海能力提升到一个新的层次，使我们不得不重新审视新能力背后的潜在威胁。

1　远程反舰导弹研制进展与设计要求

1.1　研制进展

在美国国防部高级研究计划局（Defense Advanced Research Projects Agency，DARPA）和海军研究办公室（Office of Naval Research，ONR）的资助下，洛克希德·马丁公司（以下简称"洛马公司"）作为主承包商于 2009 年开始新一代远程反舰导弹的初始设计，提出了亚声速和超声速两个方案，分别称为 LRASM-A 和 LRASM-B 方案，如图 1 所示。经综合评估，2012 年 LRASM-B 方案被取消，LRASM-A 方案成为"进攻性反水面战"增量1的重点资助武器化项目。

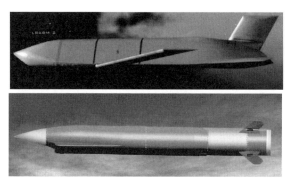

图1　LRASM-A（上）与 LRASM-B（下）概念图

目前，LRASM-A 已成功进行多次空射、舰射试验，计划于 2018、2019 年分别进入美空军（首装 B-1B）、海军（首装 F/A-18E/F）服役[1]。美海军将在 2017 年首批采购 30 枚，到 2019 年累计达到 110 枚[2]。表1列出了 LRASM-A 发展过程中的主要里程碑事件[3]。

表1　LRASM-A 发展过程中的主要里程碑事件

发布时间	里程碑事件
2016.07.21	洛马公司正式宣布 LRASM-A 具备水面舰艇垂直发射能力
2016.07.18	洛马公司在美国海军"自防御试验舰"（SDTS）DD-964"保罗·福斯特"号上首次成功进行了 LRASM-A 实弹垂直发射试验
2016.05.26	洛马公司收到 3.21 亿美元合同以进一步对 LRASM-A 进行集成与测试
2015.12.14	洛马公司开展 F/A-18E/F 首次挂飞 LRASM-A 试验
2015.02.19	洛马公司成功完成 LRASM-A 第 3 次飞行测试
2014.01.15	洛马公司成功测试 LRASM-A MK41 垂直发射接口
2013.11.14	洛马公司成功完成 LRASM-A 第 2 次飞行测试
2013.09.17	洛马公司在 MK41 垂直发射系统首次成功发射 LRASM-A 助推测试飞行器（Boosted Test Vehicle，BTV）

发布时间	里程碑事件
2013.09.09	洛马公司成功完成 LRASM-A 第 1 次飞行测试（B-1B 空投发射）
2013.07.11	洛马公司完成 B-1B 系列挂飞试验
2013.06.03	洛马公司成功完成 LRASM-A 垂直发射系统测试
2013.03.05	美国国防部高级研究计划局授予洛马公司 7 100 万美元合同
2012.07.16	洛马公司成功完成 LRASM-A 首次挂载测试
2011.01.19	洛马公司被授予 2.18 亿美元合同，用于 LRASM 演示验证

注：截至目前，投入 LRASM-A 研发的经费达 6.1 亿美元。

1.2 设计要求

LRASM-A 的设计要求为：防区外远程发射、亚声速巡航飞行、先进综合突防、多模复合制导、智能自主导航、动态航路规划、飞行中重新瞄准、大威力战斗部、实时打击效果评估。为降低技术风险、减少开发成本、加速研发进度，洛马公司采取了继承已有、组合创新的发展思路，在充分利用已有增程型"贾斯姆"（JASSM-ER）AGM-158B 成熟技术成果的基础上进行综合集成，LRASM-A 空射型编号为 AGM-158C。英国 BAE 系统公司承担了弹上关键设备，即弹载远程传感器的研制与集成工作。图 2 所示为 LRASM-A 红外成像传感器自动识别目标。

LRASM-A 反舰导弹长 4 267 mm，宽 550 mm，高 450 mm，翼展 2 700 mm[4]；发射质量（不含助推器）约 1 135 kg，WDU-42/B 半穿甲爆破战斗部重 454 kg；巡航飞行速度 0.9 Ma，巡航高度可设定和自主改变；命中精度为 CEP 2.4 m；射程达 926 km；制导方式为"高精度惯导 + 抗干扰 GPS 卫星导航 + 主动雷达 + 被动射频与威胁告警接收机 + 红外成像传感器 + 双向武器数据链"。

图 2　LRASM-A 红外成像传感器自动识别目标示意图

2　远程反舰导弹主要性能特点

LRASM-A 是一种远射程、网络化、高精度、智能化亚声速隐身反舰导弹，能够在严酷的"反介入/区域拒止"威胁环境下作战，将为美军提供低风险、多平台、多用途、全天候远程反水面作战手段，获得远超其他反舰导弹的能力和灵活性[5]。该型导弹代表了亚声速反舰巡航导弹的发展方向，防区外远程打击、先进综合突防、自主智能作战、网络协同作战是其最主要的设计亮点。

2.1　防区外远程打击

反舰导弹按射程可分为：近程（40 km 以内）、中近程（40～150 km）、中程（150～300 km）、中远程（300～500 km）和远程（500 km 以上）。LRASM-A 射程达 926 km/500 nm，属远程反舰导弹，空射、海射平台可在敌航母编队控制范围、航空兵作战半径、水面舰艇反舰与防空火力、空基侦察预警平台探测范围之外进行火力投送，极大增强发射平台的安全性与隐蔽性，从射程上取得了反舰作战优势，为美海、空军进攻性反水面作战提供了很好的装备支撑。

LRASM-A 通过以下技术手段获得远射程优势：一是采用 F-107-WR-105 涡轮风扇发动机作为动力系统的低油耗率亚声速巡航方案，使导弹具有较远的动力航程；二是 LRASM-A 在进入敌方侦察拦截空域之前，以中等高度飞行，可进一步减少空气阻力，降低燃油消耗；三是采用低风阻气动外形，具有极好的气动飞行特性。如果将 LRASM-A 的战斗部质量减少，节省的空间用来增加燃油携带量，射程有望进一步增加到 1 600 km。

令 $K = R \times W/M^2$。其中，K 为归一化射程质量比（$km \cdot kg^{-1}$），R 为最大射程（km），W 为战斗部质量（kg），M 为不含助推器时的发射质量（kg）。表 2[6~10]、表 3[10~13] 分别列出了典型亚声速、超声速反舰导弹的归一化射程质量比。由表中数据可知，采用亚声速方案的 LRASM-A 归一化射程质量比 K 达到 0.326 3，仅次于"战术战斧" Block 4，整弹总体优化设计较好；采用超声速方案的法国中程空地导弹（反舰型）ASMP-N 的归一化射程质量比 K 在超声速反舰导弹中最大，达到 0.044 6。通过对比分析，采用亚声速方案的 LRASM-A 反舰导弹在同等发射质量前提下投送相同质量战斗部的射程是超声速的 7.3 倍左右。由此可见，亚声速方案具有射程远、投送载荷大、发射质量相对较小的优势，能够更好地适装战术飞机、水面舰艇等作战平台。

表 2　典型亚声速反舰导弹归一化射程质量比

典型亚声速反舰导弹	最大射程 R/km	发射质量 M/kg	战斗部质量 W/kg	归一化射程质量比 K/（$km \cdot kg^{-1}$）	备注
"飞鱼" AM-39（法国）	70	652	165	0.027 2	空射
"俱乐部" 3M-54E1（俄罗斯）	300	1 780	400	0.037 9	潜射，不含助推器

典型亚声速 反舰导弹	最大射程 R/km	发射质量 M/kg	战斗部质量 W/kg	归一化射程 质量比 K/ （km·kg⁻¹）	备注
ASM-2（日本）	100	610	150	0.040 3	空射
"天王星" X-35 （俄罗斯）	130	520	145	0.069 7	空射
"雄风"-2（中国 台湾地区）	130	520	225	0.108 2	空射
"鱼叉" AGM-84L （美国）	150	530	227	0.121 2	空射
海军打击导弹 NSM（挪威）	185	344	125	0.195 4	舰射， 不含助推器
联合打击导弹 JSM （挪威与美国合作）	270	375	120	0.230 4	空射
远程反舰导弹 LRASM-A（美国）	926	1 135	454	0.326 3	空射
"战术战斧" Block 4 （美国）	1 111	1 204	454	0.348 0	舰射， 不含助推器

表3　典型超声速反舰导弹归一化射程质量比

典型超声速 反舰导弹	最大射程 R/km	发射质量 M/kg	战斗部质量 W/kg	归一化射程 质量比 K/ （km·kg⁻¹）	备注
"白蛉" 3M-80 （俄罗斯）	250	3 950	320	0.005 1	舰射
"宝石-M" 3M-55 （俄罗斯）	300	2 550	200	0.009 2	空射

典型超声速 反舰导弹	最大射程 R/km	发射质量 M/kg	战斗部质量 W/kg	归一化射程 质量比 K/ (km · kg⁻¹)	备注
"布拉莫斯" PJ-10 （俄印合作）	290	2 500	300	0.013 9	空射
"雄风"-3 （中国台湾地区）	300	1 390	226.4	0.035 2	舰射
ASMP-N （法国）	200	860	165	0.044 6	空射

2.2 先进综合突防

在技术层面，LRASM-A 采用了弹体综合隐身、低可截获先进传感器与武器数据链、抗干扰卫星导航、多模复合制导、大空域机动变轨等技术，确保导弹能够在复杂对抗环境下具有较强的生存能力。

1）弹体综合隐身

一是 LRASM-A 继承了 JASSM-ER 的大后掠多面体隐身弹体外形，表面上敷设了新型吸波涂料，并大量应用复合材料，降低了雷达散射截面积（Radar Cross Section，RCS），大幅压缩对空雷达的探测距离与预警时间。如果 LRASM-A 反舰导弹的 RCS 为 0.01 m^2，机/舰载雷达对 2 m^2 典型目标探测距离为 R，则对 LRASM-A 的探测距离为 0.266 R。按上述结论分析，在不考虑大气衰减的情况下，假设远程机/舰载雷达对空探测距离 400 km，则对 LRASM-A 最大探测距离为 106 km。二是采用矩形埋入式发动机喷口、充分利用弹体尾部遮挡高温排气、光滑的弹体表面减少气动加热[14]等方法减少红外辐射及被舰艇、红外制导空空/舰空导弹的探测、跟踪。从防空导弹杀伤链"发现目标是基础、稳定跟踪是关键、有效杀伤是目的"三个重要环节分析，LRASM-A 隐身特性大幅降低预警机、战斗机、水面舰艇的发现与跟踪距离，压缩了拦截纵深与拦截时间，增大了火控系统引导硬武器拦截的难度。

2）多模复合制导

LRASM-A采用了英国BAE系统公司的先进导引头/制导组件，集成了被动射频与威胁告警接收机、主动雷达、红外成像传感器、武器数据链（Weapon Data Link，WDL）、增强抗干扰数字GPS及先进人工智能软件[15]。

被动射频与威胁告警传感器应用诸多先进电子技术，能够在盟军力量难以进入的作战区及复杂信号环境下远距离准确探测、识别目标并精确计算目标位置[16]。该传感器在飞行测试中成功制导LRASM-A导弹原型命中预定目标。主动雷达在技术上实现了低功率信号辐射、抗干扰信号处理、频率捷变、快速扫描、间歇主动探测，保持低可截获[17]。红外成像传感器能够适应阴霾天气，可在较远距离探测和识别目标、选择目标瞄准点[4]。双向武器数据链具有低功率辐射特性，有利于隐蔽通信。

多模复合传感器、双向数据链与高精度导航系统的信息融合与综合调度，使LRASM-A具有先进信号辐射控制、雷达告警接收与自动响应处置、自主被动电子支援、被动跟踪定位、精确目标识别等特性，能够有效对抗水面舰艇的侦测、截获、欺骗与干扰。

3）大空域机动变轨

LRASM-A能通过被动射频与威胁告警接收机远程感知的辐射情报数据及主动雷达或数据链获取到的目标信息，在综合识别的基础上，确定威胁区，进行动态航路规划，控制导弹沿新的航路机动变轨以规避威胁区。

LRASM-A不像其他反舰导弹采取固定剖面飞行，而是采取复合飞行剖面，在进入威胁区前利用隐身特性以中等高度飞行便于远距离搜索识别水面目标，同时可节省燃料，到达威胁区后迅速俯冲至掠海飞行高度以规避舰载武器系统的搜索、攻击。

LRASM-A的技术特性与潜能在战术上挖掘应用，可以形成多种战术突防方法，进一步增强导弹的突防能力，如多弹多方向协同攻击、全程自主被动跟踪攻击、数据链引导静默攻击、网络协同被动三角定位攻击、"领-从"弹协同攻击等。

2.3 自主智能作战

LRASM-A减少了恶劣电子对抗环境下对情报、侦察与监视平台、数据链和GPS卫星导航的依赖。先进导航与制导控制技术使LRASM-A能在反介入/区域拒止环境中使用概略目标指示信息发现、摧毁预定目标[5]。

1）自主精确导航飞行

采用高精度惯性导航技术，能够在卫星导航、双向数据链阻断情况下以较高精度自主巡航飞行，减少远距离飞行误差累积对目标捕捉的影响，提高了精确进入攻击航路的能力。

2）自主广域搜索

弹载被动射频与威胁告警接收机、主动雷达作用距离远，配以综合隐身性能，能够在敌方机载/舰载传感器外先敌发现，具备较大区域海上目标搜索、识别与定位能力。

针对低目标精度情况下大散布区超过主被动复合传感器作用范围的情况，LRASM-A可以利用传感器作用距离远和飞行精度高的特点进行图形化搜索，拓展搜索范围，确保在粗略目标指示信息和目标长时间快速机动的情况下也能捕获目标。

3）自主选择、识别目标

LRASM-A能够根据主被动传感器探测到的目标回波及辐射源信息，与弹上预装目标特征信号数据库进行匹配分析，识别目标属性，自主选择预定打击目标。弹载红外成像传感器采用自动目标识别技术，基于图像匹配算法，可以自主锁定舰船高价值或预定部位引导导弹实施精确攻击以扩大攻击效果。

在2013年8月27日的一次对海打击试验中，样弹的目标区有3艘舰船，每艘都装有典型发射机。样弹按照预先规划的航程飞行大约一半航程然后转入自主导航，自主探测到了全部目标，但只对预想中的1

艘长79m的机动舰船进行了攻击，成功撞击了预定瞄准点[18]，如图3所示。

图3　LRASM-A自主探测、选择与命中预定目标点

4）自主规避威胁

弹载人工智能软件能够根据主被动传感器获取的威胁信息及识别情况，确定威胁区，在线计算三维规避航路，控制导弹沿新航路飞行。

2.4　组网协同作战

LRASM-A通过低功率信号辐射数据链终端能够与水面舰艇、通信卫星、电子战飞机、无人机建立双向通信链路，并与指控中心、舰、机、弹（LRASM-A）构成网络化集群作战体系。

1）弹群状态报告

LRASM-A利用先进数据链向指控中心加密发送本弹的位置、速度、航向等运动参数信息，设备健康状态信息，攻击目标ID，使指控中心可以监控弹群攻击态势，为实时远程控制导弹协同攻击提供支持。

2）远程纵深探测

LRASM-A 主被动传感器作用距离远，采用了先进信号处理算法和低截获概率技术，具有很强的海上目标搜索、识别能力，可作为分布式传感器网络节点突破敌纵深防御实施对海搜索、探测，通过主动测距、测向与被动探测识别对目标实施分类、识别与参数录取，加上LRASM-A 具有精确导航能力，可以较高精度解算出目标绝对位置、航速、航向、辐射源信号参数等信息，并发送给指控中心进行信息融合，以作为远程目标指示信息来源引导后续弹群实施攻击或其他兵力行动。

3）飞行中重新瞄准

LRASM-A 可在飞行中接收指控中心、卫星、舰艇、有/无人机的目标更新信息，使导弹可以更加灵活适应战场打击需求。

一是远距区域攻击。可对威胁海域概略散布区提前发射导弹，导弹在飞行中接收新的瞄准位置实施攻击，明显缩短了打击链循环周期。

二是改变打击目标。某一目标被摧毁或某个目标被识别为中立目标，可以通过数据链重新指定攻击目标、取消攻击或下令自毁。

三是提高预选目标打击能力。导弹通过接收几次关键时机的目标位置更新，就可减小目标指示信息老化时间，缩小目标机动散布误差，再加上先进高分辨率主被动多模传感器，可显著提高对预定目标的捕获、选择与打击能力。

四是打击机会目标。即召唤飞行中的导弹打击新出现的重要目标。

五是待机攻击。LRASM-A 动力航程储备较大，留空时间较长，可预先发射出去，在中空以低油耗率盘旋飞行，接到作战命令后，调整航向瞄准目标实施攻击。

4）实时打击效果评估

利用红外成像传感器实时录取目标图像和攻击过程，并可将本弹攻击过程最后几帧图像或后弹拍摄前弹攻击图像传回指控中心，以支持指控中心实时打击效果评估。

综上所述，组网协同作战包含两个层面：一是初级形态的人在回路组网作战模式，即导弹与指控中心/兵力平台组网；二是具有高级智能特征的弹群自主组网协同作战模式。目前，LRASM-A 在演示验证中完成了初级形态的组网，但其具有潜在能力达到高级组网形态。

3　远程反舰导弹作战使用分析

3.1　装载平台

LRASM-A 在设计之初就考虑到多军种作战平台装备使用，先期计划主要在空、海军 B-1B、F/A-18E/F、水面舰艇 MK41 垂直发射装置中装载，后续将进一步试装到 F-35C、核潜艇等发射平台上。

1）B-1B

B-1B 是美军载弹量最大、速度最快的战略轰炸机，航程为 12 000 km，无空中加油满载条件下作战半径为 3 300 km[19]，可在 65 m 高度超低空突防。现役 67 架，其中 36 架处于战备状态。其机体内设有 3 个内置弹仓，每个弹仓都可挂 8 枚 LRASM-A，1 架 B-1B 可挂 24 枚 LRASM-A。图 4 为 B-1B 投掷 LRASM-A。

图 4　B-1B 投掷 LRASM-A

当 B-1B 位关岛、迪戈加西亚岛等前沿基地部署时，不需要空中加油即可纵深打击第一岛链以西海域的水面舰船，具有极强的威慑与打击能力。由此可见，美军首选 B-1B 作为 LRASM-A 的测试与实战部署平台，正是由于该型机具有航程远、载弹量大、突防能力强的综合优势。

2）F/A-18E/F

F/A-18E/F"超级大黄蜂"是美航母编队主力舰载战斗攻击机，E为单座型，F为双座型。该型机拥有11个外挂点，载弹量为8 000 kg，航程为3 300 km（挂副油箱）[20]图5所示为F/A-18E挂载LRASM-A。执行反舰任务典型挂载为"AIM-9X×2 + LRASM-A×2 + 1249升副油箱×1"，作战半径为1 065 km，无空中加油条件下即可打击远离美航母编队2 000 km之外的水面舰船。

图5　F/A-18E挂载LRASM-A（图中黑色）

3）水面舰艇

LRASM-A设计之初就考虑到与"阿利·伯克"级驱逐舰、"提康德罗加"级巡洋舰等水面舰艇的MK41垂直发射系统兼容，其助推器采用RUM-139垂直发射"阿斯洛克"反潜导弹的MK-114火箭发动机，如图6所示。

图6　水面舰艇MK41装置发射LRASM-A

洛马公司已经多次开展 LRASM-A 与 MK41 垂直发射系统之间的兼容性试验并获成功。未来,美海军水面舰艇将获得远超"鱼叉"的远程打击能力,可大大减少对海军航空兵夺取制海权的依赖,极大提高了水面舰艇部队独立遂行海上封锁、海上打击任务的能力。

此外,洛马公司计划为濒海战斗舰和两栖舰艇等没有垂直发射装置的舰艇开发倾斜发射装置,以满足其发射 LRASM-A 的需求。

3.2 典型任务剖面

LRASM-A 典型任务剖面图如图 7 所示。

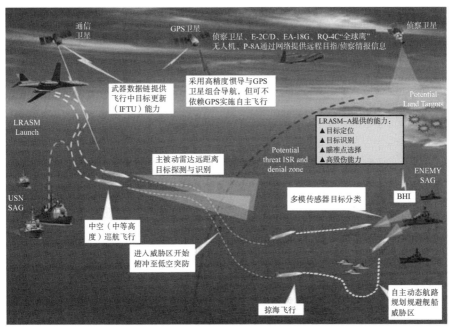

图 7 LRASM-A 典型任务剖面

1)远程目标指示

侦察卫星、"海神"多任务巡逻机、EP-3 电子侦察机、EA-18G 电子战飞机、RQ-4C"全球鹰"无人机等远距探测平台获取作战海域目标情报信息,并通过数据链发送给指控中心及发射平台。即使只有目标区海域的粗略情报信息,LRASM-A 仍然可以自主完成搜索攻击。

2) 任务规划

舰射 LRASM-A 使用改进型"战术战斧"武器控制系统（TTWCS +）装载任务数据。规划内容包括：侦察情报信息处理；作战海域环境信息提取；威胁区生成；攻击区（避免攻击中立舰船）计算；目标散布海域计算；打击目标选择；毁伤程度确定；弹药需求量计算；发射平台选择及需求量计算；发射阵位确定；弹载传感器探测能力预报；弹载传感器搜索模式与控制参数计算；三维飞行剖面与自主搜索航迹规划；目标信息老化时间最小容忍度及更新需求计算；发射单元选择；发射时间及发射顺序确定等。

3) 导弹发射

水面舰艇采用 MK41 垂直热发射，MK114 火箭发动机将整弹运送到一定高度，导弹开始俯仰转动，向预先设定方位飞行。此时，水平、垂直弹翼展开，主发动机点火。B-1B、F/A-18E/F 采用弹射方式发射，导弹在自由落体过程中水平、垂直弹翼展开到位后，发动机点火。

4) 组网建链

在视距内，LRASM-A 可以与发射平台动态组网，建立通信链路；脱离视距后，导弹自动与中继通信卫星建立超视距通信链路。

5) 预定航路飞行

在进入敌 GPS 与通信链路阻断区之间，LRASM-A 在卫星辅助导航下以中等高度按预先设计的航路精确飞行，导弹可在飞行中接收目标更新信息（In-Flight Targeting Updates，IFTU）。

6) 目标综合分析

被动射频与威胁告警接收机、主动雷达传感器进行远距离目标探测。根据探测结果，对目标进行分类、识别后，LRASM-A 进一步综合分析威胁区、目标散布区（Area of Uncertainty，AOU）。

7) 自主导航飞行

进入敌侦察监视与火力拦截区后，LRASM-A 开始俯冲至超低空掠海飞行，自主在线动态航路规划避威胁区，并调整导弹航向朝目标散布区方向飞行。

8）末端攻击

多模传感器对目标进行精确分类识别（对抗干扰），选择目标瞄准点进行精确攻击，并将攻击最后几帧图像发送给指控中心进行实时打击效果评估。

3.3 远程反舰导弹作战使用

1）打击目标

根据目标海域地理环境条件，反舰导弹作战可划分成打击开阔海域舰船、打击岛礁区海域舰船、打击近岸海域舰船、打击港口停泊舰船、打击岛岸固定目标；根据海域目标分布特性及稠密程度，反舰导弹作战可以分为打击疏散目标区舰船和打击稠密目标区舰船两种。根据打击目标尺度及隐身特性，反舰导弹作战可分为打击大型目标、大中型目标、小型目标和小目标四种。此外，可根据编队性质，划分成打击航母编队、驱护舰编队、两栖作战编队、运输编队、导弹艇编队等。不同情况下的作战样式对反舰导弹的性能要求差异较大。

LRASM-A 高精度导航、先进综合突防、多模复合制导、高命中精度、致命毁伤能力特性使其可以胜任以上各种情况下的作战样式。根据 LRASM-A 的研制背景，其首要使命任务是打击开阔海域、港口停泊的航空母舰、两栖攻击舰、大型驱逐舰等大中型高价值目标，并能够打击稠密海域的预定目标。此外，可兼顾打击小型时间敏感目标和突击陆上纵深固定目标。

2）作战使用模式

从数据链的依赖程度及弹载传感器使用角度分析，存在以下几种可能的作战使用模式。

（1）全自主作战模式。

即完全不依赖数据链，导弹完全自主搜索、识别和打击目标。在卫星侦察引导模式下，以美军现有侦察、打击能力为依据作以下保守估计：卫星侦察定位精度为 30 km（3σ）、"侦察-打击"响应时间为

15 min，弹载主被动远程传感器作用距离为 100 km、搜索范围为 ±30°，导弹自主导航飞行时间为 3 000 s（对应 900 km 航程），目标航速为 20 kn。经计算：目标散布区宽度为 70 km，导弹搜索宽度为 100 km。即使导弹自主导航有一定误差，但仍可保证 LRASM-A 自主搜索、探测到目标。如果只知目标概略海域（100 km × 100 km 以上），LRASM-A 将采用图形化机动搜索，仍可捕获目标，但会损失一定航程，进而减小射击距离。

（2）半自主作战模式。

即导弹在进入敌防区外使用数据链更新目标信息，之后转入自主作战。此种模式减少了目标机动散布，将目标初始定位精度定格在最后一帧数据更新上，可大幅提高目标捕获概率。此外，配合最后一帧高精度目指信息，导弹完全可以采用被动射频及红外成像传感器实施精确攻击。

（3）数据链作战模式。

即全程使用数据链。一是通过卫星、飞机、舰船等平台传送目标信息，导弹全程电磁静默攻击。二是多枚 LRASM-A 导弹采用被动射频传感器和数据链信息交互（通过指控中心融合）进行三角定位，即使只有目标概略海域信息也可完成大面积海域被动定位攻击。三是使用 1 ~ 2 枚 LRASM-A 导弹实施广域搜索与定位，获取海域目标高精度定位信息，通过数据链引导后续导弹攻击。

3）兵力运用

（1）打击范围区分。

由上述分析，1 000 km 以内的敌水面舰船打击可由航母编队护航巡洋舰、驱逐舰或前出水面打击大队完成；1 000 ~ 2 000 km 范围由 F/A-18E/F 负责；2 000 ~ 4 000 km 由战略轰炸机 B-1B 实施。F/A-18E/F 由 2 ~ 4 机组成的小编队实施突击；B-1B 轰炸机多以单机为主实施突击。

（2）兵力任务区分。

封锁海上运输线。P-8A、MQ-4C 担负海上侦寻搜索和远程目标指示任务，美军前沿基地部署的战略轰炸机或海军岸基航空兵应召执行攻击任务。

打击大、中型水面战斗舰艇编队。侦察卫星、长航时远程无人机MQ-4C获取海域目标情报信息,美航母编队舰载机F/A-18E/F和空军B-1B实施海空联合作战,从多个方向实施纵深突击。

突击港口停泊舰船。侦察卫星及情报人员完成目标获取,前沿基地的B-1B轰炸机在F/A-22A的掩护下,突破/规避对方远程航空兵拦截后,实施高密度突击。

4　结束语

在反舰导弹亚、超、高超声速并举的发展道路上,先进自主导航、高性能多模复合制导、主被动综合隐身、网络化协同、人工智能决策等高新技术的应用使亚声速反舰导弹作战能力仍然具有很大的挖掘空间。LRASM-A初步实现了先进智能反舰导弹的基本特征,具有较强的综合作战能力。在技术层面,我们要跟踪研究LRASM-A的设计思想、技术途径及关键技术工程实现方法,为反舰导弹装备研制提供有益借鉴;在战术层面,要深入研究LRASM-A作战技术机理,找出弱点,寻求破解对策。

参考文献

[1] LRASM:Overview. http://www. lockheedmartin. com/us/products/LRASM/over-view. html,2016.

[2] 刘晓明,文苏丽. 美海军确立远程反舰导弹项目具体计划 [J]. 飞航导弹,2014 (5).

[3] LRASM:News Releases. http://www. lockheedmartin. com/us/products/LRASM/mfc-lrasm-pressreleases. html,2016.

[4] 方有培,汪立萍,赵霜. 美国新型远程反舰导弹突防能力分析 [J]. 航天电子对抗,2014,30 (3).

[5] Lockheed Martin. Offensive AsuW Weapon Capability [EB/OL]. http://www. lockheedmartin. com,2016.

[6] 姜雪红,蒋琪. 俄罗斯新型战术反舰导弹X-35 [J]. 飞航导弹,2010 (3).

[7] 丁文东, 何鹏程. 挪威海上攻击导弹（NSM）的发展与性能特点 [J]. 飞航导弹, 2013（1）.

[8] 任志伟, 文苏丽. 从四代机配弹看空射反舰导弹的发展 [J]. 飞航导弹, 2013（7）.

[9] Terrence K. Kelly, Anthony Atler, Todd Nichols, etc. Land-Based Anti-ship Missiles in the Western Pacific [M]. RAND Corporation, 2013: 23.

[10] 魏毅寅. 世界导弹大全 [M]. 3 版. 北京: 军事科学出版社, 2011.

[11] 周伟. 详解"雄风"-3 超声速反舰导弹 [J]. 兵工科技, 2013（4）.

[12] 张静, 周伟. 台湾"雄风"-3 超声速反舰导弹的发展现状与趋势 [J]. 科技研究, 2013, 29（5）.

[13] 李梅. 从"误射"看"雄风"3 性能及部署 [J]. 兵器知识, 2016（9）.

[14] 王继新, 刘婕. 透视美国"远程反舰导弹"[J]. 兵器知识, 2014（4）.

[15] JOHN D. GRESHAM. LRASM: Long Range Maritime Strike for Air-Sea Battle [EB/OL]. Defense Media Network. Faircount Media Group, 2013-10-02.

[16] BAE System. BAE Sensor Hits the Mark in Live Long-Range Missile Flight Test. Asdnews. com, 2013-10-10.

[17] Tyler Rogoway. The Navy's Smart New Stealth Anti-Ship Missile Can Plan Its Own Attack [EB/OL]. http://foxtrotalpha. jalopnik. com/the-navys-smart-new-stealth-anti-ship-missile-can-plan-1666079462, 2014-12-04.

[18] 文苏丽, 苏鑫鑫, 刘晓明. 美国远程反舰导弹项目发展分析 [J]. 飞航导弹, 2015（4）.

[19] 唐长红, 艾俊强. 美国远程战略轰炸机的发展道路分析 [M]. 北京: 航空工业出版社, 2010.

[20] 丹尼斯 R. 简金斯著. F/A-18"大黄蜂"——先进舰载战斗攻击机 [M]. 熊峻江, 黄俊, 凌云霞译. 北京: 国防工业出版社, 2002.

适应未来精确打击的柔性化飞行器射频装备研究

王向晖 朱 坤 綦文超 周 俊 余东峰 李忠亮

针对武器装备提升对复杂战场环境适应能力的需求，从全域和子域角度解析了战场环境的复杂性，可以看出"全域"战场环境的复杂性并不等价于战场环境在"空间、能量、时间、频谱、极化、速度、天气"等"子域"的投影也复杂，在此基础上，指出武器装备以"静态多域"解决未来复杂战场环境的"问题多域"的局限性，并从国外先进装备发展分析中提出以射频设备柔性化实现信息化载荷侦/干/探/通一体化的发展趋势，建立了威胁等级评估模型和任务优先级评估模型，最后用 MTPEDF 算法对平台资源的管控策略进行了研究。

1 引 言

当前，武器装备的信息化已成为现代军事变革的实质和核心，以人工智能、生物基因、微纳材料、新能源技术为代表的颠覆性技术异军突起，人机协同、分布控制、动态集结、多轴攻击、控域夺心成为未来战争的典型特征，跨领域、自主性、分布式联合作战成为基本作战形式，未来的战场环境将更趋于复杂化。

为提升武器装备对复杂战场环境的适应能力，需要解决战场环境认识、战场模型构建、适应能力提升等问题。为对战场环境进行解析，文献 [1] 从电磁环境的信号源产生途径出发，将复杂电磁环境划分为由人为产生的电磁信号、电子装备的自扰互扰信号、民用电磁环境信号及自然电磁环境信号四种信号；文献 [2] 从对电磁环境的认知划分为基本属性层、物理空间层、波动形态层、信号波形层、指纹特征层、基础数据层、信息应用层七个层级；文献 [3-4] 将复杂电磁环境的"全域"问题分解为空间域、能量域、时间域、频谱域、极化域、速度域、天气域七个"子域"的投影问题，认为战场环境"复杂性"的根源在于战场环境的"全域性"或"多域性"，各种战争要素在空间域、能量域、时间域、频谱域、极化域、速度域、天气域等各种子域的动态随机组合是战争不确定性的根本原因，并给出解决战场环境复杂性的关键在于微分段基础上的积分性的解决。

为构建战场模型，文献 [5] 给出了威胁等级评估模型、干扰任务请求队列模型、干扰任务约束模型及干扰资源综合管控算法。文献 [3-4] 将干扰任务拓展为雷达、通信和干扰任务，并在威胁等级评估模型中增加了距离威胁因子，从而使相关研究更贴近飞行器作战任务剖面近、中、远程的变化。为提升反舰导弹应对多层对抗的末端突防能力，文献 [6] 从抗干扰角度提出了导弹多模导引头的发展；为克服功能单一的射频设备可重构能力差、缺乏灵活性的问题，DARPA 开展了可重构孔径（RECAP）项目和智能射频前端（Intelligent RF Front-End, IRFFE）项目[7-9]；文献 [10] 提出以软件无线电为通用硬件平台，通过软件来定义卫星的雷达、通信、电子对抗功能的"软件星";文献[11]基于共享雷达孔径,进行了多功能一体化雷达任务调度算法的研究。

目前国内尚无面向飞行器任务剖面近、中、远程威胁环境的变化,以共享飞行器上的天线、功放、低噪放等各种射频资源所进行的信息化装备研究。本文分析了复杂战场环境中武器装备面临的挑战,给出了国外信息化装备的发展趋势及信息化装备柔性构造的可行性,建立了面向飞行器任务剖面复杂电磁信号威胁等级评估模型和任务优先级评估模型,并用 MTPEDF 算法对天线、功放、低噪放等飞行器资源的管控策略进行了研究。

2 复杂战场环境及武器装备面临的挑战

2.1 战场环境的复杂性

随着电子技术和信息技术的飞速发展,战争样式已由陆、海、空的单独作战向陆、海、空、天、电的联合体系作战转变,战场环境向全空间、全过程、全频段、全天候等为主要特征的复杂战场环境转变,如何正确解读战场环境的"复杂性"是武器装备应对复杂战场环境威胁的前提。

全域的复杂战场环境可分解为空间域、能量域、时间域、频率域、极化域、速度域、天气域。

空间域:陆、海、空、天的联合作战使作战空间从传统陆、海、空物理空间,向上拓展到临近空间和外太空,向下拓展到水下和深海,决定了"立体化""全纵深"是影响战争环境复杂性的因素之一。

能量域:"软""硬"杀伤的强度及高功率微波武器和激光武器等新概念武器的应用决定了"能量"是影响战争环境复杂性的因素之一。

时间域:"软""硬"杀伤贯穿武器的整个任务剖面决定了"时间"是影响战争环境复杂性的因素之一。

频率域:战场环境中雷达、红外、激光等各种频谱的应用决定了

"频率"是影响战争环境复杂性的因素之一。

极化域：战场环境中雷达的线极化、圆极化及光电谐振的综合运用决定了"极化"是影响战争环境复杂性的因素之一。

速度域：从亚声速、超声速到高超声速等各种速度武器的综合运用决定了"速度"是影响战争环境复杂性的因素之一。

天气域：战场环境中的温度、湿度、阳光、砂/尘、雨、雪、冰等自然环境、高空武器面临的温度随高度变化复杂，臭氧和太阳辐射强等影响及高速武器面临的气动加热、振动等诱发环境影响等决定了"天气"是影响战争环境复杂性的因素之一。

2.2　武器装备面临的挑战

从数学角度讲，全域的复杂战场环境可分解为空间域、能量域、时间域、频率域、极化域、速度域、天气域，如图 1 所示，相应地可由空间函数、能量函数、时间函数、频率函数、极化函数、速度函数及天气候函数等分别表征，复杂战场环境是多个函数的泛函数，从这个角度讲，复杂战场环境的正确"降维/域"是解决战场环境"复杂性"的关键。

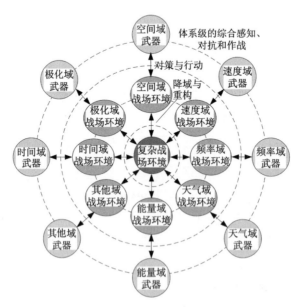

图 1　应对复杂战场环境的武器装备体系对策框图

在复杂战场环境中，"全域"战场环境具有复杂性，但战场环境在空间、能量、时间、频谱、极化、速度、天气等"单域"的投影并不一定是复杂的，这是"降维/域"解决战场环境"复杂性"的理论基础。以隐身目标为例，通常目标隐身仅针对某个空间角度，并不能做到所有角度的高性能隐身。利用高隐身目标在空间域的隐身漏洞，双基地雷达通过多个雷达在空间的分布，突破了单部雷达在反隐身目标方面的局限性。目标隐身亦是针对特定频段的，难以做到全频段的高隐身，频率域的低端或高端是目标隐身在频率域的漏洞，米波等低频反隐身或高频反隐身措施即复杂战场环境的全域向"频率域"投影的典型应用。在电子对抗中，箔条和烟幕是军舰和指挥所等要地防御的常用对抗手段，但风向、风速等对箔条、烟幕的干扰性能有极大影响，合理地利用风速和风向等是复杂战场环境的全域向"天气子域"投影的典型应用。

以攻击武器装备的静态多域应对未来复杂战场环境的问题多域是常规的解决手段。如通常以高空装备、低空装备、地（海）面装备、水下装备相配合，完备战场环境中的空间子域需求；以红外装备、高频雷达装备、低频雷达装备相配合，完备战场环境中的频率子域需求；以超高速装备、高速装备、低速装备相配合，完备战场环境中的速度子域需求；以垂直极化装备、水平极化装备、圆极化装备相配合，完备战场环境中极化子域需求。但随着武器装备静态多域的任务增加，既面临着武器装备集群的难题，又面临着小型化武器装备中多射频任务使命与有限的射频装备安装空间的尖锐冲突。

3 装备信息化的发展趋势

3.1 武器装备的柔性构造

传统的信息化装备中的雷达、通信、电子对抗等射频系统与射频功能是一一对应的，射频资源利用率较低，难以适应复杂战场环境的需求。侦、干、探、通一体化已成为信息化装备提升对复杂战场环境适应能力的主要方法，信息化装备的柔性构建是实现侦、干、探、通一体化的方法最优途径。

飞行器射频装备柔性化研究的基础在于电子侦察、电子干扰、探测、通信等射频系统在信号体制、基础信道与处理模型基本上具有同构化特性，这一同构化特性决定了组成雷达、通信、电子对抗等不同射频系统的天线、功放、低噪放、变频等各种射频模块组件具有一定的相识性，这是射频模块组件可被动态调配的基础；同构化特性更是基于一套射频系统，通过软件加载，实现雷达、通信、电子对抗等不同的射频功能的基础，如图 2 所示。

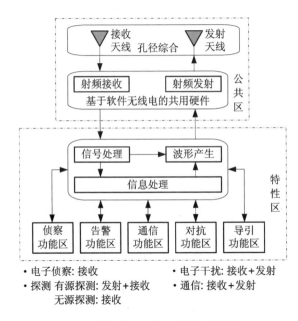

图 2　柔性射频系统的同构化特性

3.2　国外武器装备柔性化的发展

美海军为共用天线等射频模块组件、减少舰载射频模块组件的冗余，实现射频装备灵活完成雷达、电子战及通信等射频功能，从 1990 年开始，先后开展了先进共用孔径（ASAP）项目、先进多功能射频系统（AMRFS）项目、先进多功能射频概念（AMRFC）、综合上层建筑

（InTop）项目等研究。与"阿利伯克"级"宙斯盾"导弹驱逐舰相比，DDG-1000的对陆攻击能力和反舰能力提高了3倍，雷达辐射面减少到1/50，防空能力提高了10倍，近海作战能力（包括扫雷能力）提高了10倍。

美空军为减少机载射频模块组件冗余，提升机载射频设备完成射频功能的灵活性，进行了机载射频装备柔性化研究，如图3所示，分别经历了第一代的分立式航空航电系统、第二代的联合式航空电子系统、以F-22A为代表的第三代综合式航空电子系统（20世纪80年代的"宝石柱"计划）和以联合攻击机JSF-35为代表的第四代先进综合航电系统（"宝石台"计划）。

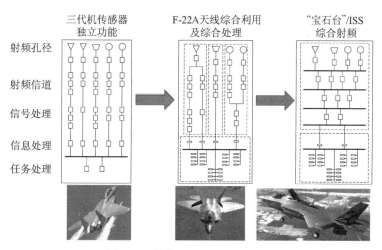

图3　国外航电系统柔性化发展

DARPA在2014年4月的SOSITE（体系综合技术和试验）项目中通过体系方法（SYSTEM-OF-SYSTEMS）发展新的、开放式体系架构，根据战场态势，实时对各种武器进行"动态"任务分配，将精确打击链的各环节功能"分布"到多个平台上，可使得作战资源的配置更加优化，提升交战的有效性，提升战术应用的灵活性、提升系统整体性能的鲁棒性。

MBDA公司推出的FLEXIS模块化导弹系统具有可调配、可控制、可复制的特点，包含180 mm、350 mm和450 mm三种弹径，其中180 mm

弹径的导弹涉及中程打击、反装甲、超近程空空、近程空空和远程空空五种类型空射导弹。所有子系统的通用无接触接口实现共用导弹电源和通信总线，简化系统架构并实现构型灵活配置，以提供最大的作战灵活性和最低的后勤保障需求。

3.3 武器装备柔性构造的原则

信息化装备的柔性构造应至少满足所有射频组件的可任意调配，射频功能、射频性能参数可被编程体现，以及信息化装备的模块组件的组分结构为柔性化等三个条件中的两个条件。

射频组件的可调配原则：可实时动态调配平台装备上的天线、功放、低噪放、变频等各种射频资源，改变射频系统的构成，实现在时间域、空间域、极化域、频谱域、能量域等多维最优复用。

射频功能的可编程原则：可对雷达、通信、电子对抗等射频功能实现在线可编程，并可对射频系统的特征（极化、频率、功率等）实现可编程。

射频结构的柔性化原则：可实现天线等射频模块组件的柔性化并可与载体实现共形。美国国防部2015年成立柔性混合电子学制造创新机构，以通过集成超薄硅组件的柔性混合技术，创造出更轻、或延展至物体或结构表面的新型传感器。

4 飞行器射频装备柔性化的资源管控模型及算法

4.1 射频装备柔性化认知流程

如图4所示，飞行器射频装备柔性化的基础在于飞行器平台内的所有天线、发射机、接收机等射频资源的综合设计和综合管理，综合飞行器上所有射频传感器实现对战场环境的态势感知，通过对历史和当前环境的检测、分析、学习、推理和规划，对发射机和接收机进行综合自适应设计，利用相应结果自适应地调整系统的接收和发射，使用最适合的系统配置（包括频率、信号形式、发射功率、信号处理方式等），达到与外部环境和目标状态相匹配，实现认知、决策、执行、评估和优化等功能，从而大幅度提高飞行器射频系统适应复杂战场环境的能力。

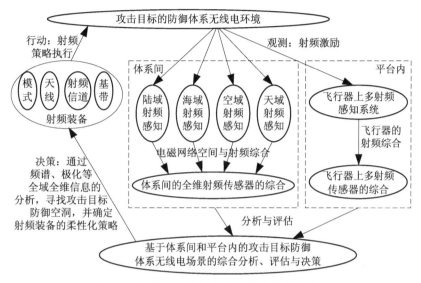

图4 飞行器平台射频装备柔性化的认知流程

4.2 威胁等级评估模型

威胁等级评估主要针对的是与预设吻合的外部威胁信号和超出预设的外部突发信号，是飞行器进行射频资源分配以遂行雷达、通信、对抗等某一种或几种射频功能的依据之一。威胁等级主要考虑针对飞行器的威胁目标信号类型、威胁目标工作状态、威胁目标与飞行平台的距离这几个因素。如飞行平台面临的复杂环境中的雷达信号数目为N，N个雷达信号的威胁等级为$W = [W_1, W_2, \cdots, W_N]$，则第$i$个雷达信号的威胁等级表达式为：

$$\omega_i = \mu_1 R_1 + \mu_2 P_2 + \mu_3 Q_3$$

式中，R表示雷达距离威胁因子；P表示雷达信号类型威胁因子；Q表示雷达工作状态威胁因子；$\mu_i (i = 1, 2, 3)$表示各因子所占威胁权重值。

在威胁等级表达式中，无论是雷达信号类型威胁因子P的确定，还是雷达工作状态威胁因子 Q 的确定，都与雷达距离威胁因子 R 紧密耦合。具体来讲，飞行平台在进行威胁等级因子确定时，当飞行平台与威胁目标的距离远大于火控雷达的作用距离时，应以预警和目指雷达为主要威胁对象；一旦飞行平台与威胁目标的距离与火控雷达的作用距离相当或小于火控雷达的作用距离，应以制导雷达和火控雷达为主要威胁对象。

飞行器的威胁对象包括弹载末制导雷达、机载火控雷达、地面制导雷达、炮瞄雷达、机载预警雷达、地面目标指示雷达和远程预警雷达，威胁目标信号类型及用途可以根据外部威胁信号载频、重频、脉宽和方位等参数与威胁源数据库比较得出：

$$P = \begin{cases} \text{弹载末制导} & \text{if } R \leq R_i \text{ then } P \text{ is } 0.9, \text{else } P \text{ is } 0.1 \\ \text{机载火控雷达、地面制导雷达、炮瞄雷达} & \text{if } R \leq R_i \text{ then } P \text{ is } 0.7, \text{else } P \text{ is } 0.3 \\ \text{机载预警雷达、地面目标指示雷达} & \text{if } R \leq R_i \text{ then } P \text{ is } 0.3, \text{else } P \text{ is } 0.7 \\ \text{远程预警雷达} & \text{if } R \leq R_i \text{ then } P \text{ is } 0.1, \text{else } P \text{ is } 0.9 \end{cases}$$

威胁目标的工作状态可以划分为搜索、跟踪和制导等工作状态。通常根据雷达的用途、波束扫描的时空特性、信号形式及其变化特性等进行工作状态的确定，一般跟踪数据率（脉冲数/秒）大于搜索数据率，用于目标搜索和跟踪的雷达波形设计亦有差异。如雷达进入制导状态，则其跟踪数据率会明显增大，信号多采用准连续波的形式。

$$Q = \begin{cases} \text{制导} & \text{if } R \leq R_i \text{ then } P \text{ is } 0.9, \text{else } P \text{ is } 0.1 \\ \text{跟踪} & \text{if } R \leq R_i \text{ then } P \text{ is } 0.7, \text{else } P \text{ is } 0.3 \\ \text{搜索} & \text{if } R \leq R_i \text{ then } P \text{ is } 0.3, \text{else } P \text{ is } 0.7 \end{cases}$$

4.3 任务优先级评估模型

飞行器平台要执行的雷达、通信、电子对抗等射频任务可以用以下数学模型表示：

$$R_i = \{ p_i, t_{ai}, L_i, (\alpha_i, \beta_i, \gamma_i, \eta_i) \},$$
$$i = 1, 2, 3, \cdots, N$$

式中，p_i 表示每项任务的优先级；t_{ai} 表示每个任务请求事件的到达时刻；L_i 表示每个任务请求事件需要的执行时间长度；$(\alpha_i,\beta_i,\gamma_i,\eta_i)$ 表示每项具体任务需要占用的射频资源百分比，其中 α_i、β_i、γ_i、η_i 分别表示每项任务占用的孔径、信道、基带硬件资源及算法资源的百分比。

任务优先级应是在射频任务能力范围内的射频任务优先级的排序，射频任务能力范围表达式为：

$$\Omega = \left[R_{\min},R_{\max}\right] \otimes \left[f_{\min},f_{\max}\right] \otimes \left[\theta_{\min},\theta_{\max}\right] \otimes$$
$$\left[t_{\min},t_{\max}\right] \otimes \left[P_{\min},P_{\max}\right] \otimes \left[E_{\min},E_{\max}\right]$$

Ω 表示射频任务的能力范围；R、f、θ、t、P、E 分别表示射频任务的距离维、频率维、角度维、时间维、极化维、能量维条件；$\otimes$ 表示直积运算。射频任务需求队列 R 中，如果 $R_i \in \Omega (i=1,2,\cdots,M)$，则保留 R_i，否则将 R_i 从 R 中剔除。

射频任务队列 $R = \left[R_1,R_2,\cdots,R_N\right]$，其中：

$$R_i = \begin{cases} \text{雷达} & r_1 \in \left[\text{预案任务,外界突发任务,内部突发任务}\right] \\ \text{电子干扰} & r_2 \in \left[\text{预案任务,外界突发任务,内部突发任务}\right] \\ \text{通信} & r_3 \in \left[\text{预案任务,外界突发任务,内部突发任务}\right] \\ \text{导航} & r_4 \in \left[\text{预案任务,外界突发任务,内部突发任务}\right] \\ \text{敌我识别} & r_5 \in \left[\text{预案任务,外界突发任务,内部突发任务}\right] \end{cases}$$

飞行平台的任务可粗分为预案任务、外界突发任务和内部突发任务。飞行器平台包含天线、功放、低噪放、FPGA、DSP 等多种射频硬件资源和雷达、通信、干扰等多种软件资源，由于飞行器平台在任务剖面中遂行的雷达、通信、电子对抗等射频任务属性多样，在不同时刻遂行各种射频任务的射频硬件资源和软件资源的数量、配置、作用范围也不同，决定了射频任务与射频资源不一定是一对一的关系。因为飞行平台射频资源有限，在飞行器射频资源不满足所有任务请求的前提下，只能根据任务优先级和时间紧迫级顺序响应相应的任务请求，未被执行的任务等待有剩余资源时再被调度执行。威胁等级评估是进行任务优先级评估的依据之一，在无内部突发任务和内部预设任务前提下，则威胁等级高的应当先占用射频资源，威胁等级低的则放在后面处理。

依据飞行器平台在任务剖面的作战特点，确立了飞行器平台硬件和软件资源的分配原则，具体如下。

（1）内部临时紧急任务，最先响应原则。对于内部临时紧急任务，其任务优先级应高于预案任务和外部突发任务。应最先对其任务要求进行响应。

（2）重点任务，优先响应原则。对于预案内的重要任务或者外界突发且威胁程度大的任务要优先进行响应。

（3）资源锁定动态解锁原则。飞行器平台资源的利用是依据任务而来的，而任务的优先级在飞行器平台的飞行剖面中是动态可变的，飞行器平台资源的配置因任务兴而锁定，因任务衰而解锁。

4.4　基于 MTPEDF 算法的平台射频资源管控

本研究采用多任务并行 EDF（MTPEDF）算法来分析解决综合射频系统的多任务并行调度问题。MTPEDF 算法的基本思想是将当前时刻已经到达的任务事件根据其综合优先级的大小依次添加到执行任务链表中，同步地将系统可用资源中减去每个任务所消耗的系统资源，对于那些由于系统资源不够而无法安排的任务，推迟其至系统资源增大的时刻。在上述过程中，还需不断地将任务请求中超出截止期的任务删除，对于已安排的且达到其执行结束时刻的任务要释放所占用的系统资源。

具体的调度算法设计如下：

对于 $[T_1, T_2]$ 时间内的 N 个任务请求 $\{R_i\}$，$i = 1, 2, 3, \cdots$，N，根据每个任务到达时间的先后都生成一个任务请求链表，同时初始化任务执行链表和任务删除链表。在起始条件下，时间指针 $t_p = T_1$，该时刻系统资源 $\eta_{cur} = 1 - \eta_0$。其中 η_0 表示系统当前占用的资源百分比。

Step1：针对当前时刻 t_p，找出任务请求链表中满足 $t_{ai} \leqslant t_p$ 的任务。将其中符合 $t_{ai} + l_i \geqslant t_p$ 条件的任务送入待执行任务集合 $\{R_k\}$，$k = 1$，$2, 3, \cdots, K$；不满足条件的任务由于超出截止期而被删除送入任务删除链表中。

Step2：考察队列中任务能力范围 Ω，将超过系统能力范围的任务删除，假设共有 m_i 个，$i = i + m_i$。

Step3：根据任务综合优先级计算公式计算待执行的 K 个任务的综合优先级，并将这 K 个待执行的任务按照优先级重新排列。令 $k=1$。

Step4：如果 $\eta_k \leqslant \eta_{cur}$，令 $t_{ek} = t_p$，$t_{oi} = t_p + L_i$，将此待执行任务转移到任务执行链表中，同时 $\eta_{cur} = \eta_{cur} - \eta_k$，否则不做任何处理。

Step5：$k = k + 1$，如果 $k \leqslant K$ 且 $\eta_{cur} > 0$，则返回 Step3，否则进入 Step5。

Step6：如果上述 K 个待处理的任务都已调度处理完毕，此时从任务申请链表里没有安排的任务中找出到达时间最小的时刻 t_m，然后从任务执行链表中找出结束时刻在 t_p 到 t_m 之间的所有已安排任务 $\{R_j\}$，$j = 1$，2，3，$\cdots$，J，将其占用资源释放（即 $\eta_{cur} = \eta_{cur} + \sum\limits_{j=1}^{J} \eta_j$），令 $t_p = t_m$；否则说明当前时刻雷达的剩余资源相对于待处理任务而言不够，那么从任务执行链表中找出结束时刻大于 t_p 且最小的任务 R_{k0}。（假设该任务的结束时刻为 t_n），然后释放该任务所占用的资源 $\eta_{cur} = \eta_{cur} + \eta_{k0}$，令 $t_p = t_n$。

Step7：判断 $t_p \geqslant T_2$ 或 $\{R_i\}$ 是否为空，若成立则返回到 Step1；否则算法结束，输出的结果为任务执行链表和任务删除链表。

图 5 给出了基于 MTPEDF 算法的任务数量与任务丢失率和射频资源利用率之间的关系图。由图可见，在任务数量较少（如 800 以内）时，其任务丢失率保持在 10% 以下，资源利用率在 13% 左右，在这个任务数量范围内，系统的资源负载较轻，可以满足绝大多数任务请求的需要。随着任务数量的不断提高，任务丢失率逐渐提高，资源利用率也逐渐提高。

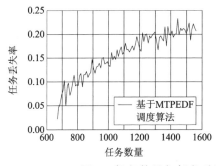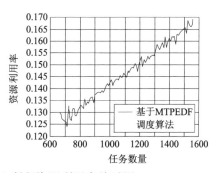

图 5　任务数量与任务丢失率和射频资源利用率关系图

5　结束语

为应对复杂战场环境而采用的多模导引头方式存在射频设备的功能单一、可重构能力差，缺乏灵活性，面临可安装空间的尖锐冲突等问题；通过拓展单一雷达的功能，实现侦、干、探、通一体化的方式，面临着侦、干、探、通等技战术指标折扣，平台资源利用率低的缺点。为充分利用天线、功放、低噪放等飞行器资源载荷，本文基于对复杂战场环境的微分段处理基础上的积分段的解决思路，并结合飞行平台射频载荷的开放式体系架构，提出了信息化装备的柔性构造，建立了面向飞行器任务剖面复杂电磁信号威胁等级评估模型和任务优先级评估模型，并用 MTPEDF 算法对天线、功放、低噪放等飞行器资源的管控策略进行了研究，是建立在对所有飞行器载荷动态、统一考虑基础上的侦、干、探、通一体化技术，将对提高飞行器武器射频系统的应变能力和灵活性、动态重构能力、提高系统生存能力和整体效能具有重要意义。

参考文献

［1］时磊，刘江波，熊永坤. 靶场复杂电磁环境构建方法研究［J］. 舰船电子工程，2018（7）.

［2］徐雄，汪连栋，王国良，等. 电磁环境的分层认知概念及其应用［J］. 航天电子对抗，2015（4）.

［3］王向晖，袁健全，路军杰. 侦察对抗打击一体化系统研究［J］. 航天电子对抗，2009（1）.

［4］王向晖，李忠亮，张华栋. 从侦干探通一体化角度初探飞行平台的射频资源管控［J］. 航天电子对抗，2017（5）.

［5］王鑫，吴华，程嗣怡，等. 分时体制多目标干扰系统干扰资源综合管控［J］. 电光与控制，2014（4）.

［6］杨祖快，李红军. 多模复合寻的制导技术现状［J］. 飞航导弹，2002（12）.

［7］Walter R，Duchack G. Extending the software defined radio concept［J］. Journal of Signal，November 2004.

［8］Adams C. Chips that think RF design ［J］. Journal of Avionics，February 2003.

［9］Topsakal E，Kindt R，Sertel K，et al. Antenna simulations on ships for AMRFS applications ［R］. Eighth Quarterly Report of BAE Systems，September 2001

［10］李文华，杨小牛，徐建良，等. "软件星"在快速响应空间中的应用 ［J］. 航天器工程，2009（5）.

［11］綦文超，杨瑞娟，李晓柏，等. 多功能一体化雷达任务调度算法研究 ［J］. 雷达科学与技术，2012（2）.

多无人飞行器在线协同
航迹规划技术综述

潘点恒　何　兵

摘　要　多飞行器协同作战是未来无人飞行器作战的重要趋势。在线协同航迹规划是实现协同作战的重要手段。系统地梳理了近年来多无人飞行器协同航迹规划领域的研究现状，从规划框架、协同规划模型、规划框架和优化方法等方面进行总结，归纳了现有协同航迹规划的主要手段，指出了其中存在的问题，并分析了未来协同航迹规划领域的发展趋势。

引　言

多无人飞行器（UAV）编队协同运用是当前巡航导弹、无人机等远程低空飞行器研究的重点和热点。近年来，通信技术的快速发展使UAV飞行过程中的远程控制成为可能，极大地增强了UAV飞行状态监控、突现威胁规避、目标在线调整和多UAV协同作战等智能化作战能力，成为UAV领域的又一重要发展趋势[1]。

航迹规划是无人飞行器运用的关键环节。与传统预装固定飞行程序的飞行器相比，多UAV编队协同运用对航迹规划提出了极高的要求，突出表现在规划模型复杂、协同性强、动态性快和时效性高等特点。建模复杂性、战场高动态性、任务之间的协同性和在线计算时间紧迫性，使得编队飞行器的在线协同航迹规划与控制成为一个极具挑战性的课题，是近年来学术界的研究热点，美国空军科学研究局将其列为六大基础研究课题之一。

当前，我国在飞行器编队在线协同航迹规划领域的研究距离实用化还存在相当大的差距。由于我国远程低空飞行武器在研制之初，主要采用发射后不管的作战模式，发射前预装订航迹，不具备航迹在线变更能力，因此，相应的航迹规划研究主要集中于发射前的飞行器预先航迹规划，对规划时间的要求较为宽裕。同时，由于发射后在飞行过程中飞行状态未知和发射后不可控等原因，对飞行器之间的协同性要求不高，航迹规划较少考虑多飞行器之间严格的时空及功能协同要求。目前，编队飞行器在线协同航迹规划在模型构建、求解策略和规划算法的研究和设计上都面临着不少困难，亟需突破适用于编队飞行器的在线协同航迹规划关键技术。

1　航迹规划的框架[2]

无论针对何种飞行器，航迹规划问题本身都包含了一些相同的基本要素：航迹类型、航迹表示、规划空间建模、约束条件分析、目标函数确定、规划算法选取。航迹规划实际就是要依次解决上述6个问题，每个问题的不同答案构成了规划的总体解决方案。

1）明确类型

首先明确该规划问题是属于航迹规划，还是属于轨迹规划。航迹规划是一种基于几何学的空间搜索，生成的飞行航迹是与时间无关的静态空间曲线，一般不考虑飞行器的运动学和动力学约束。轨迹规划是基于控制论的优化，需要考虑飞行器运动学和动力学约束，生成的是与时间相关的航迹空间曲线。

2）航迹表示

航迹的表示方法关系到如何构建战场环境到几何空间的映射。根据规划类型的不同，规划生成的航迹有两种形式：一是用飞行器运动学、动力学描述的连续平滑航迹；二是用航迹点、航迹段（弧）表示的几何航迹。前者往往包含了航迹的控制规律，后者仅表征了航迹的空间形态。

3）描述规划空间

在航迹规划中，通过对航迹的表示实现三维空间到 C 空间的映射，三维空间中包含了所有可能的航迹。规划空间表示是否合理直接影响规划的效率和结果的合理性。

4）解析约束条件

为保证规划结果合理和可用，生成的航迹需要满足一定约束。解析约束条件是指建立控制变量、状态变量及它们之间可能存在的约束关系，如要求飞行器速度、过载等满足一定约束。

5）确定目标函数

目标函数即目标泛函，它是评价航迹性能好坏的标准，表示了航迹规划的最终目的。不同的规划往往有不同的侧重点和不同的目标函数形式，有的希望飞行器以最短时间、距离到达目标，有的希望飞行器能够保证最大生存概率等。

6）选择规划算法

根据前 5 个步骤对规划问题的分解，在确定规划的总体解决方案后，就需要在众多的规划算法中选择适当的算法进行求解。

针对无人飞行器，其航迹规划的一般流程如图1所示。

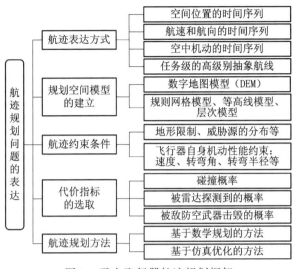

图 1 无人飞行器航迹规划框架

2 航迹规划方法研究现状

多飞行器在线协同航迹规划与现有的航迹规划系统相比较，重点突出了两个方面的要求：一是在线快速规划，主要应用于不确定环境中的航迹修正和任务调整后的在线重新规划；二是多飞行器之间的航迹协同性，要求规划出的航迹之间能够满足一定的时空协同要求。目前，国内外在航迹规划的快速性和协同性两方面产生了大量的研究成果[3]。

2.1 规划算法方面

飞行器的航迹规划问题是一个传统的研究热点，国外已有较多理论研究成果。近年国内在飞行器航迹规划方面的研究紧跟国际前沿领域，以无人飞行器为背景，从20世纪90年代中后期以来已开展了十多年的研究，产生了一大批有价值的研究成果，开发出了适用于飞行前的离线航迹规划系统，其成果可归纳到图2所示的分类中。

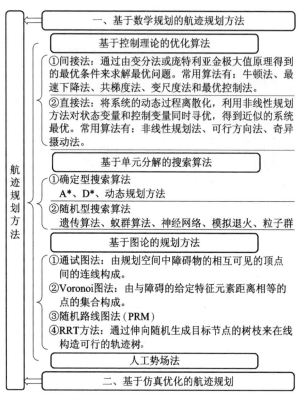

图2 航迹规划算法分类表

飞行器编队在线协同航迹规划与传统飞行器航迹规划有着巨大的差别，主要体现在两方面的要求：一是在线规划的快速性要求；二是多飞行器之间的航迹协同性要求。由于受问题驱动滞后的影响，目前直接针对多 UAV 编队在线协同航迹规划的研究文献较少，但在无人机、机器人等领域存在着大量关于 UAV 航迹快速规划和多 UAV 协同规划方面的研究成果，值得借鉴。

2.2 快速规划方面

针对 UAV 的快速航迹规划问题，国外学者提出了多种不同的规划方法，对动态环境下的即时航迹规划问题进行了系统研究，目前的研究突破口主要集中于快速规划策略设计、规划模型构建和快速搜索算法设计三方面。快速规划策略方面，主要有执行阶段与规划阶段交替进行的 LRT-A * 算法、基于在线重构网络图的规划方法、基于模型预测控制理论的在线滚动规划方法[4]。模型方面，有采用一种旅行商问题模型的体系结构，将无人机的动态路径规划问题视为车辆路径问题的特例[5]。算法方面，采用遗传算法、稀疏 A * 算法、并行 A * 算法、机器学习的方法等解决无人机的路径动态规划问题。

国内在飞行器快速航迹规划方面的研究紧跟国际前沿领域，20 世纪 90 年代中后期以来已有十多年的研究历程，取得了较多研究成果。针对飞行器动态环境中的即时航迹规划问题[6]，主要有基于通视图、随机路线图、图的规划空间图论建模方法和基于单元分解的建模方法；在搜索算法上主要有 A *、D *、基于快速搜索树和各种智能优化算法，如基于病毒遗传算法、基于量子粒子群优化；规划策略[7]主要有可行优先策略和滚动规划策略。另外，有部分文献将在线快速规划问题转化为经典优化问题，如哈密顿圈问题、混合整数线性规划问题。

综合国内外的研究文献，快速航迹规划方面，在规划结构上有基于模型预测控制理论的在线滚动规划、飞行器自主规划与地面规划相结合、执行阶段与规划阶段交替进行、固定搜索模式和动态搜索模式相结合等多种方式；在规划模型上有哈密顿圈问题模型、动态车辆路径模型、旅行商模型和网络流模型；在航迹搜索算法上有各类改进 A * 算法、禁忌搜索、粒子群优化、遗传算法、动态贝叶斯网络等。在具体运用中针对不同的使用特征，大都是上述方法的综合运用。由此可知，建立能够适用在线航迹规划的规划模型，并采用合适的快速搜索策略和算法是航迹在线快速规划要考虑的主要问题。

2.3 协同规划方面

外军十分强调多 UAV 协同问题，美军将多 UAV 实时协同能力作为自主控制水平的重要特征。国外，主要是美国，从 2000 年开始有关于协同航迹规划方面的文章出现，主要研究机构包括美国国防部预先研究计划局（DARPA）、美国空军研究实验室、美国空军技术研究院、麻省理工学院、华盛顿大学、加州理工大学等。国外针对多飞行器协同航迹规划问题，研究重点主要在于处理各个飞行器航迹之间的协同关系，主要包括空间协同关系、时间协同关系和任务协同关系。在处理时间协同关系的问题上，解决的思路主要集中在两方面，一是将时间协同作为约束条件纳入航迹规划模型，直接通过算法求解得到协同航迹；二是在得到规划航迹之后，对已有航迹进行局部调整，使其满足时间协同要求，调整的方式主要有速度调整、机动动作调整及航迹长度调整。在处理空间协同关系的研究中，目前主要研究方向为多UAV间的避碰协同，以确保编队飞行安全。目前的空间避碰思路主要有两种，一种是将避碰协同作为约束条件纳入模型求解；另一种是基于飞行器探测能力，实时对编队中其他飞行器进行探测，自主在线对飞行航迹进行调整以规避碰撞。

国内在协同航迹规划方面的跟踪与研究几乎与国际同步，仅略微滞后几年，从21世纪初出现部分文献，至今已有十余年的研究，主要研究对象为UAV协同控制框架下的航迹规划研究，主要集中在以下几方面：一是采用集中式规划，通过建立统一的协同航迹规划模型集中求解；二是采用分散规划、集中调整思想的层次分解策略，以各UAV的路径长度和协调时间作为指标，对多UAV的协同航迹进行协调；三是广泛运用人工智能方法求解多飞行器协同航迹规划问题。

从国内外研究情况看，协同航迹规划模型主要有全局静态优化模型和滚动优化模型两种。在求解框架上主要有两种思路，一种是采用集中式规划，通过建立统一的协同航迹规划模型集中求解；另一种是采用分层策略，通常分为航线规划层、协同规划层和航线平滑层三个层次，然后逐层求解；在航迹协调方式上主要有两种解决方法，一是通过调整飞行器的速度实现，二是通过调整局部航线长度（如盘旋飞行）实现。在规划算法方面，近年来进化计算、蚁群算法等智能优化算法运用比较广泛。由此可见，建立精确全面反映飞行器编队协同作战要求的协同航迹规划模型，探索能够快速求解该模型的求解框架和规划算法，是飞行器协同航迹规划的重要问题之一。

3 当前方法的局限性

综合国内外文献，飞行器快速航迹规划和协同航迹规划都是当前该领域的研究热点，且都产生了大量的研究成果，策略丰富，算法各异。但针对多飞行器编队的在线协同航迹规划问题，由于问题的复杂性，目前还有一些问题有待进一步研究。

（1）当前编队飞行器的协同航迹规划大多针对预先规划，其采用的模型和方法适合于静态环境，而在线条件下的协同航迹规划与预先规划在规划时限、规划目的和规划方式等方面存在一定差别。

（2）当前的协同航迹规划考虑的任务较为单一，大多是编队协同到达等单一情况，实际上在编队飞行器协同作战过程中，可综合运用时间、空间、功能、平台、角度等多种协同方式。目前的研究针对编队执行多任务（侦察、打击、评估）情况下的航迹协同问题考虑不足。

（3）对于动态环境下的编队在线规划来说，计算的实时性与最优性的矛盾十分突出，这里的实时指飞行器能够尽快响应外部环境的动态变化，在合适的时间内获得适当的优化解。目前的优化方法在时效性上还不能满足多 UAV 的在线航迹规划需要。

因此，针对多 UAV 在线协同航迹规划问题，一方面需要研究合适的优化机制和协同规划结构，缓解在线计算的时间压力；另一方面要研究合适的在线快速计算方法。

4 结束语

综上所述，在线协同航迹规划技术是新形势下航迹规划领域的研究难点和热点，是低空飞行器协同的核心关键技术，在技术上有很大的挑战性。由于早期我国缺少装备发展的牵引，国内针对编队飞行器在线协同航迹规划问题的研究较少，目前仅处在探索研究阶段，这类问题的多个技术难点也未有完善的解决方法。针对目前国内外研究现状，完全照搬国外的研究思路是行不通的，必须立足我国无人飞行器发展实际，充分考虑我国未来飞行器使用的可能方式，逐步积累相关技术。

参考文献

［1］宗群，王丹丹，邵士凯，等. 多无人机协同编队飞行控制研究现状及发展 ［J］. 哈尔滨工业大学学报，2017（3）.

［2］王维平，刘娟. 无人飞行器航迹规划方法综述 ［J］. 飞行力学，2010（2）.

［3］胡中华，赵敏. 无人飞行器在线航迹规划技术研究 ［J］. 航天电子对抗，2010（4）.

［4］Kamel M，Stastny T，Alexis K，et al. Model predictive control for trajectory tracking of unmanned aerial vehicles using robot operating system ［M］. In：Robot Operating System（ROS）. Springer International Publishing，2017.

［5］Sundar K，Rathinam S. Algorithms for routing an unmanned aerial vehicle in the presence of refueling depots ［J］. IEEE Transactions on Automation Science and Engineering，2014，11（1）.

［6］许晓伟，赖际舟，吕品等. 多无人机协同导航技术研究现状及进尺 ［J］. 导航定位与授时，2017，4（4）.

［7］郑昌文，严平，丁明跃，等. 飞行器航迹规划研究现状与趋势 ［J］. 宇航学报，2008（6）.

［8］李相民，薄宁，代进进. 基于模型预测控制的多无人机避碰航迹规划研究 ［J］. 西北工业大学学报，2017，35（3）.

单兵无人机发展现状及关键技术分析

李增彦　李小民

　　未来单兵作战武器智能化、装备一体化，单兵作战无人机是未来战场上的一类重要武器，能够通过随身携带的无人机对近程作战范围内目标进行有效的侦察或打击是必然的发展趋势。对国外单兵无人机进行了分类及介绍，通过分析其关键技术，对其未来发展趋势进行了展望。

引　言

未来单兵作战武器的多样化、数字化和智能化是必然的发展趋势。随着电子技术的不断发展，传感器微型化、集成化程度越来越高，无人机作为当前先进技术的代表，发展的种类及飞行方式呈现多样化趋势。从单兵对小型化无人机（SUAV）的需求出发，研制出最大尺寸为 1～2 m、质量小于25 kg，便于单兵携带并采用手抛或弹射等起飞方式，能够根据作战目的进入指定空域完成自主飞行侦察或攻击任务的小型无人机是各国军事力量发展的重点之一[1]。SUAV 在军事与民用方面，有着广泛的用途和潜在的特殊功能，美国、法国、以色列、俄罗斯、乌克兰等国先后投入大量科研力量研制。

1　单兵 SUAV 特点及用途

单兵无人机系统已经得到世界各国的广泛重视，20 世纪 80 年代美国就开始进行微小型无人机的研制，早在 1996 年美国 DARPA 举办的用户和研究单位关于微小型飞行器讨论会上，在尚没有真正的"微小型飞行器系统"研制出来之前，就已经初步设想了微小型飞行器的特点。2015 年美国联邦航空局（FAA）《SUAS 运行和登记规定》中也对小型化无人机进行了定义。随着无人机技术的发展，针对当前单兵作战高科技含量的需求，单兵 SUAV 将呈现以下特点[1,2]。

（1）体积小而轻：可单兵背包携带，随时执行作战任务。

（2）操作简捷而迅速：能够拆卸或折叠展开，快速部署，适合快速机动作战。

（3）准确侦察或打击：能够准确定位或打击目标。

（4）隐蔽性好：体积小巧灵活、噪声小，提高单兵操作人员的安全性。

（5）价格低廉：可大量使用，甚至可一次性使用。

SUAV 的技术、类型和生产与需求量等一直居世界首位，2005 年美国在《无人机系统路线图》报告中，正式把微小型飞行器作为无人机系统的一个重要组成部分，根据其特点，单兵 SUAV 主要用途如下。

（1）便于单兵携带，快速展开，执行特殊作战任务。

（2）能在目标空域完成巡弋飞行、侦察监视、精确打击、毁伤评估、中继通信或空中警戒等作战任务。

（3）适合于遭遇战、城市战等特殊或紧急场合的战斗。

2　单兵SUAV分类及发展现状

当前的无人机种类繁多，各种新概念飞行器纷纷被设计制造出来，可按照飞行方式、作战任务、航程等进行分类。就目前单兵SUAV的特点，根据其构造形式和飞行原理进行了较为合理的分类：单一结构飞行模式、复合结构飞行模式及可重构飞行模式，如图1所示。在分析各国典型飞行器的基础上，对飞行器的具体特征及参数进行归纳及梳理。

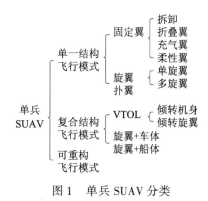

图1　单兵SUAV分类

2.1　单一结构飞行模式

传统类型飞行器仅有一种飞行模式，其结构复杂度低，从而在体积及质量匹配上占有较大优势，由于飞行原理不同，各类飞行器又呈现出不同的特点及优势。

2.1.1　固定翼类

固定翼无人机是目前飞行速度最快的一种，阻力小，升力能耗低，但不能空中悬停。

针对单兵携带需求，体积稍大的无人机采用可拆卸结构及模块和组合式方案，实现快速部署，通常 1 ~ 3 人合作可在数分钟内组装完毕。

早在 1987 年，美国航空环境公司开发了第一架背包携行式、手掷发射的指针无人机，其被公认为首个真正意义的小型军用无人机；由于体积较大且不便于携带，单兵对 SUAV 提出了更高的要求，该公司接着开发了"乌鸦"无人机，并于 2004 年底正式装备美国海军陆战队，该型 SUAV 是当时世界上投入使用的无人机中最小的无人机，Pointer 的改进型号 Pumas 也于 2014 年美国陆军年度会议上推出；而 2003 年以色列埃尔比特公司的 Skylark 最大的特点在于机体模块化快速组装、可快速更换多部件，分离之后各部件不超过 80 cm，能够垂直降落并利用安全气囊保护机身载荷不受冲击而损坏。

为了更便于单兵 SUAV 发射，无人机的尺寸越来越小，但常规布局和飞翼布局仍然是重要设计方案。由于机身减小，在发射方式上，SUAV 不仅可以通过手抛发射，还采用了橡筋弹射方式。如美国的"沙漠鹰"Ⅲ（Desert Hawk Ⅲ）、"龙睛"（Dragon Eye）、"黄蜂"Ⅲ（Wasp Ⅲ）和以色列的"雀眼"（Bird Eye）系列等。

如图 2 及表 1 所示，可拆卸 SUAV 通常为 1 ~ 3 m 翼展固定翼结构，发射方式采用手掷抛射或者橡筋弹射。该类飞行器由于体积较大、翼展较长，作战半径及飞行时间较长，可携带光电或红外设备进行侦察任务，动力系统一般采用电动驱动方案。

未来未知的战斗及作战方式需要新的作战能力，"速度与精度"在任何战场上都是关键。为了快速侦察或打击更远的目标，通常采用管式发射方式，各国及其国防工业合作伙伴开发了各种可由单兵携带并能在市区或野外战场上迅速发射的轻型精确制导弹药——巡飞弹[3]。巡飞弹是先进的小型无人机技术及智能弹药结合的产物，作为新型无人飞行器，巡飞弹自 1994 年首次在美国被提出以来，立刻在世界范围内引起了广泛的关注。采用炮射或管式弹射方式的 SUAV，加强机体结构设计以承受大的冲击过载；对于受结构约束的管式发射方式，折叠翼设计方案是最好的选择[4]。

以色列拉斐尔公司的 Skylite B 采用了单兵肩上发射的设计[5]，而

UVision 公司在 2015 年巴黎航展发布的 Hero-30 采用了四翼折叠机身结构设计，同时可从地面、海上（管式或发射架）发射或空中平台投放，虽然仅有 30 min 的巡飞时间，但作战半径却达到了 40 km。SwitchBlade 是由航空环境公司于 2008 年开始为美国陆军研制的，机翼折叠后放在储运发射管中，能够即时打击视距外时敏目标，并于 2012 年秋在阿富汗进行了部署。侦察打击是单兵作战的主要任务，考虑到多类任务的要求，巡飞弹可作为弹药或利用光电/红外传感器探测目标，能够人工选择目标或按预定航迹自主飞行，具备人在回路选择/取消目标和终止任务的能力，而价格低廉的 Coyote 为一次性小型多任务无人机，在集群控制中发挥了出色的作用[6]。由于折叠结构的便携型，管式发射或空中投放更加容易，韩国宇航工业公司的 Devil Killer、波兰 WB 电子公司的 Warmat、乌克兰 Sokil-2 及意大利的 Horus 巡飞弹等也相继问世。

此外，随着复合材料的出现及发展，充气翼及柔性卷曲翼型在 SUAV 中得到了一定应用，如法国 MBDA 公司的增程型战术榴弹 Tiger 及达信防务系统公司的战术遥控空中弹药 T-RAM，虽然在军方 2010 年启动的 LMAMS 项目上与 SwitchBlade 的竞标中未能取胜，但其作战能力不容小觑。2013 年 Prioria 公司研制的 Maveric 获得了美国陆军快速装备部队的订购合同，其后服役于阿富汗战场中的美国和加拿大部队，该无人机也已向新加坡军队交付。

如图 2 及表 1 所示，折叠翼、充气翼及柔性翼为固定翼类 SUAV 提供了更大的发展空间，该类飞行器由于可以折叠或卷曲于发射管中，节省了更多空间[7]，完全可以由单人完成发射及操作，管式发射的方式使传统类固定翼 SUAV 的作战半径得到了极大提升，部署时间大大缩短，同弹药结合携带一定质量战斗部的特点更提高了 SUAV 执行作战任务的能力，由于采用电动方案使其具有较低的噪声及热信号。

手掷抛射　　　　　　　　　　　　　　手/橡筋弹射

图 2　可拆卸结构单兵 SUAV

表 1　可拆卸结构单兵 SUAV 具体参数

名称	"指针"	"乌鸦"	Pumas	Skylark	"沙漠鹰" III	"龙眼"	"黄蜂" III	"雀眼" 400
研究机构	美国航空环境			以色列埃尔比特	美国洛马公司	美国航空环境		以色列 IAI
发射方式	手掷抛射				手/橡筋弹射			
结构	拆卸							
翼展/m	2.7	1.4	2.8	2.4	1.5	1.14	0.72	2.2
质量/kg	3.8	1.9	5.9	5.5	3.7	2.3	0.45	4.1
长度/m	1.8	0.91	1.4	2.2	-	0.91	0.25	0.8
半径/km	8~10	10	15	5~10	10	5~10	5	15
速度/ (km·h⁻¹)	29~80	45~96	37~83	74	46~92	——	32~64	92
时间/min	90	60~90	120	120	90	45	45	80

2.1.2　旋翼、扑翼类

固定翼 SUAV 无法悬停且易受阵风气流干扰，而旋翼 SUAV 最大的特点就是悬停飞行能力，能够提供目标区域静止影像。随着传感器技术的发展，处理器速度及传感器精度不断提升，采用旋翼及扑翼进行 SUAV 结构设计成为可能。

单旋翼直升机是最早的旋翼机类型，作为目前美军装备中最小的无人机，挪威 Prox Dynamics 公司的 PD-100 Black Hornet 仅有手掌大小，却内置三个摄像头，可利用无线传输提供实时视频情报。法国和德国联合组建的圣路易斯研究所开发的共轴反向双旋翼弹药 GLMAV 可利用迫击炮发射，于 2011 年开始进行系统演示，同样在远距离定点侦察中显示出优势[8]。以色列"幽灵"的纵列双旋翼设计也提供了不错的盘旋稳定性，抗突风和侧风能力强。

四旋翼"速眼"微型无人机是美军国防部经过几轮设计和淘汰后的最终设计方案，抗风能力强，具备了美军要求的作战性能。2007—

2009 年加拿大 Aeryon 实验室推出的 SkyRanger 及 Scout 四旋翼，可由单兵携带并采用了折叠设计方案，组装后飞行时长超过 50 min，可胜任军事隐蔽侦察、护卫安全等。为响应以色列特种部队等军方需求，IAI公司专门研制了一种具有巡飞弹功能的四旋翼 Rotem L，这是首次将智能弹药与旋翼机进行结合并在 2016 年第五届新加坡航展中亮相，其具备侦察和打击能力，可以实现单兵部署，能够灵巧地避开障碍物，是城市战中目标态势感知、打击的理想选择，具备全方位攻击角度，攻击状态可加速至约100 km/h。

扑翼类 SUAV 由于采用了仿生飞行方式，加上外部伪装，隐蔽性得到增强，美国"蜂鸟"是当前的典型代表，目前由于技术成熟度不高，该类飞行器较为少见，但各国仍在坚持研制工作。

如图 3 及表 2 所示，旋翼及扑翼类的特殊性使其军事用途及前景越来越广阔。悬停、抗风和灵活机动能力是旋翼机的主要优势，而扑翼类飞行器具有更好的伪装隐蔽性。

图 3　单一结构 SUAV

表 2　单一结构 SUAV 具体参数

类别	Skylite B	Switch Blade	Coyote	Hero-30	Tiger	Maveric	Rotem L	"蜂鸟"
研究机构	以色列拉斐尔	美国航空环境	美国BAE	以色列UVision	法国MBDA	美国Prioria	以色列IAI	美国航空环境
发射方式	管式发射				充气/手抛发射	手/管式发射	垂直起降	垂直起降
结构	折叠				充气	卷曲	折叠	扑翼
翼展/m	1.7	0.61	1.47	0.80	0.6	0.71	—	0.16

结构	折叠				充气	卷曲	折叠	扑翼
质量/kg	6.5	1.4	5.9	3	1.36	1.13	4.5	0.019
长度/m	—	0.36	0.91	0.78	—	0.79	—	0.16
半径/km	10	10	—	40	3.2	10~15	1.6~10	—
速度/(km·h^{-1})	—	102~157	111	185	—	48~102	100	17.6
时间/min	60	50	60	30	15	50	30~45	11

2.2　复合结构飞行模式

受狭小空间限制及多任务需求，垂直起降及长航时技术一直是无人机的互斥特点，近几年多数无人机公司提出了"固定翼+旋翼+车体+船体"的组合式结构设计方案[9]。

美国 Aurora Flight Sciences 公司的 Skate 倾转机身 SUAV 主要用于军事或警用，并于2013年在阿富汗服役于陆军和空军部队，轻巧的机身设计采用了折叠和模块化方案，具备垂直起降并切换成固定翼飞行模式的功能，拥有可替换式光电、红外、热图像载荷，仅1 kg 质量却能续航达1 h。Wingtra 研发的复合型无人机及 ETH Zurich 大学 Autonomous Systems Lab 的 Pacflyer S100 等也采用了该方案。以色列 IAI 公司的 Mini Panther 倾转旋翼机最大的特点是既能够常规起降，也可以垂直起降，通过倾转旋翼的方式，实现固定翼和旋翼的空中自由切换，质量为12 kg，分解后可装入步兵背包。另外，Vertex 和 Quantum-Systems GmbH 公司的 Tron 采用了"四旋翼+固定翼"的方案。

韩国 KAIST 大学无人系统研究中心的 UHV（unmanned hybrid vehicle）、英国一位设计师的四轴飞行汽车则将车与飞机进行了概念式的结合，打造出了一款既能飞行又可在陆地上行驶的陆空两用型遥控车[10]。Parrot 公司推出的新概念 Parrot Hydrofoil MiniDrone 则为水空无人机。

如图 4 所示，复合式飞行器结合了各类无人机各自的特点，结构设计和控制系统是其关键，其用途在军用、民用等领域会更加多样化。

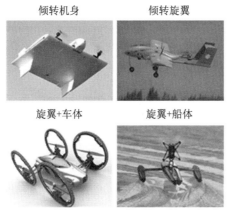

倾转机身　　　　　倾转旋翼

旋翼+车体　　　　　旋翼+船体

图 4　复合结构 SUAV

2.3　可重构飞行模式

目前美国国防预先研究计划局正在研发一种被称为空中可重构嵌入式系统（Aerial Reconfigurable Embedded System，ARES）的无人机，可根据任务类型自由重构及组合。而对于当前单兵作战用途，设计多任务 SUAV 同样重要。

2014 年美国洛马公司推出了多任务微型无人机"矢量鹰"，起飞总质量仅 1.8 kg，且纵向剖面只有 10 cm，却拥有一流的载荷、速度和航时能力，可在战场中根据任务类型自由配置，包括固定翼型、垂直起降型和倾转旋翼型，由于具备开放式体系结构、可重构的型式、自适应数据链及载荷可扩展，"矢量鹰"具备无可匹敌的能力。2015 年亚利桑那州 Krossblade 公司发布 VTOL 航空器 SkyProwler，可装配多种任务载荷，以固定翼方式滑跑起飞或以 VTOL 模式起降，在空中将旋翼折叠收回至机体内部并变换为固定翼模式，当把固定翼取下并更换尾翼后则变成四旋翼。

如图 5 所示，多任务 SUAV 可重构的特点使其具有同复合结构飞行器相同的特征及用途，但可重构方式不受复合结构的约束，从而可根据具体任务自由选择飞行模式，在质量及操作过程方面具有更大的优势。

图 5　多任务微小型无人机"矢量鹰"和 SkyProwler

3　关键技术分析

3.1　结构设计技术

SUAV 的结构设计结果直接决定飞行器的飞行性能及控制系统的控制方式，并影响着单兵操作及快速展开时间。

相比于整体固定式结构的固定翼无人飞行器，单兵对 SUAV 的轻巧便携性提出了更高的要求，设计过程需要综合考虑机身、机翼结构的模块化组合，使其便于拆卸与折叠，实现快速部署，由于作战任务的不同，机载载荷多样，可更换的载荷设计方案也是设计关键。在炮射折叠机构中，抗冲击、抗过载技术是飞行器正常工作的首要问题，弹射展开机构的可靠性必须得到保证，可拆卸及可折叠节点对飞行器的气动影响较大，因此必须合理选取及设计。此外，选取合适的复合型机身材料是结构设计的关键。

相对而言，旋翼机的机身对气动升力的贡献远小于螺旋桨，仅需折叠电机机架即可收于背包；由于扑翼类型飞行器采用仿生结构设计，因此在机械动能传递及传递效率上一直是个难题；而对于复合式及可重构式 SUAV，由于加入了机体组合式设计方案，在气动布局及机身融合设计时，需要考虑更精细的机械设计结构。

3.2　传感测量技术

不同类型的飞行器会选取不同种类、不同量程的传感器，因此传感测量方面也随着飞行器类型及机动特点发展出多样化的技术。传感测量参数是飞行器飞行控制的基础，保证测量精度至关重要，直接影响飞行器稳定飞行控制及执行航迹任务[3]。

相比于常规飞行模式的无人飞行器，巡飞弹弹射、炮射过程中的高过载对电子设备及传感器测量影响较大，通常采用空中上电方式进行解决，此时传感测量系统在无参考坐标系情况下利用陀螺仪、加速度计、磁强计等进行初始姿态确定问题成为其关键技术，测量精度及快速收敛特性直接影响初始姿态控制问题。此外，固定翼飞行器在大机动飞行时姿态测量方面采用了多传感器数据融合算法解决方案。

旋翼机最大的特点就是机体震动较为剧烈，因此传感器测量过程中抗干扰、抗震动能力必须得到加强，常采用滤波算法进行数据平滑。

而对于倾转机身类飞行器，机身会在模式切换过程中发生 90°变化，固连于机身的控制系统及传感器同样发生了偏转，此时传感器的垂直变化使得传统欧拉角表示法解算过程出现万向节锁，必须通过坐标系转换、四元数法或双欧拉法等进行全角度姿态解算。

3.3　控制导航技术

SUAV 控制系统的重要作用即完成从发射起飞到目标侦察或打击整个过程的飞行控制及遥控操作。单兵无人机的飞行模式决定了控制导航系统的复杂度。基于现代控制理论的制导控制方法、复合制导等先进技术提高了飞行器复杂导航制导与控制的性能，同时在目标侦察、打击过程中为图像的稳定性及打击的精度提供了条件。

在弹射、炮射或伞降过程中，飞行控制系统在空中加电，螺旋桨式发动机桨叶转动会产生滚转力矩，对初始姿态的控制影响较大，必须通过控制技术克服反扭力。而对于复合式及可重构式飞行器，飞行控制系统需要结合多种飞行控制算法，尤其在飞行模式转换过程中的控制问题及切换时机等方面均需考虑，扑翼类飞行器的飞行控制技术仍然需要不断改善。另外，针对侦察打击任务，机动飞行过程中姿态稳定控制、航迹跟随及抗风性能仍需不断提高，必须保证其可靠性及精度。此外，未来集群控制技术、网络化协同作战是当前的发展趋势，编队组网控制技术使得某个飞行器控制过程在不可靠性的情况下仍能够不影响整体队形及作战任务。

3.4　侦察跟踪技术

侦察、跟踪并有效打击目标是单兵作战的最终目的，因此在侦察、跟踪过程中提高算法性能及可靠性是有效提高作战效能的技术保障。

由于战场环境复杂多样，背景的复杂性及目标受光照、遮挡、伸缩、旋转变化的特性使得目标识别及长时间、稳定、实时跟踪技术变得更加困难。伪装目标及非连续场景图像识别技术必须做到高效高性能，相关跟踪、光流法、特征跟踪等方法需要改善跟踪效果、增强环境适用性，并且人在回路参与的侦察、识别、锁定目标等任务在丢失目标后可重新进行选取及任务规划，达到智能搜索跟踪的目的，从而不断提高抗干扰能力，使得命中精度 CEP 不断减小。

4　结束语

为满足各国单兵多种作战需求，单兵 SUAV 在过去几十年间取得了突飞猛进的发展，产品种类齐全、功能多样、性能先进，占据着全世界无人机研发的关键地位，展现出其在军用和民用领域潜在的应用前景。本文首先总结了单兵 SUAV 的特点及用途；然后根据各国典型 SUAV 的参数及性能进行了系统的分类及介绍，阐述了其发展过程；经过梳理，对 SUAV 的结构设计、传感测量、控制导航、侦察跟踪四类关键技术进行了分析。在此基础上，对未来单兵 SUAV 研究重点展望如下。

（1）多样化的飞行模式及结构为各国无人机研发过程提供了借鉴，结构设计及创新仍然起到重要作用，在未来战场上单兵 SUAV 便携化、轻小型化、快速部署至关重要。

（2）低成本、全角度精确传感测量技术的成熟度决定着飞行器是否能够稳定可靠飞行，同时这一技术是降低飞行器成本的主要因素之一。

（3）高可靠性的飞行控制离不开快速发展的控制及导航技术，必须不断提高控制算法的精度、快速性及准确性。

（4）以侦察打击为最终目的的单兵 SUAV，漏检、误判等都会造成作战人员暴露、贻误战机，从而产生重大影响，因此必须不断研究处理速度更快、可靠性更高的目标识别、跟踪、定位技术。

（5）巡飞弹作为当今无人机技术与弹药技术结合的产物，在单兵作战中发挥出重大作用，其技术特点及快速展开性能是未来单兵 SUAV 重要的发展趋势之一。

以上技术中的瓶颈问题是国外单兵飞行器设计中的共性问题，可作为研究经验进行借鉴，我国只有深究并解决其中的关键技术难题，才能使单兵 SUAV 在未来战场上发挥自身优势，对于促进国内单兵 SUAV 的研究发展起到积极作用。

参考文献

[1] 昂海松. 微型飞行器系统技术 [M]. 北京：科学出版社，2014.

[2] 贺成龙，陈荣，田亮，等. 单兵小型无人机侦察系统发展与分析 [J]. 飞航导弹，2013（01）.

[3] 刘菲，李杰，王海福. 巡飞弹导航技术及其发展研究 [J]. 飞航导弹，2013（12）.

[4] 纪秀玲，何光林. 管式发射巡飞弹的气动特点及设计 [J]. 北京理工大学学

报, 2008 (11).

[5] 张爱华, 秦武. 以色列军用小型无人机发展概览 [J]. 飞航导弹, 2010 (02).

[6] 陈晶. 解析美海军低成本无人机蜂群技术 [J]. 飞航导弹, 2016 (01).

[7] 李佳, 王昊宇, 房玉军. 柔性充气翼在巡飞弹上的应用 [J]. 飞航导弹, 2015 (8).

[8] 李佳, 房玉军. 共轴反向双旋翼弹药——GLMAV巡飞弹 [J]. 飞航导弹, 2015 (01).

[9] 张啸迟, 万志强, 章异赢, 等. 旋翼固定翼复合式垂直起降飞行器概念设计研究 [J]. 航空学报, 2016 (01).

[10] 王正杰, 马建, 朱航, 等. 陆空两栖机器人飞行控制系统设计 [J]. 北京理工大学学报, 2015 (12).

[11] 李嘉诚, 马彦恒, 董健, 等. 少型无人机载战场侦察雷达关键技术研究 [J]. 飞航导弹, 2015 (8).

[12] 谌莹, 范军芳. 一种微小型无人飞行器的气动优化设计 [J]. 飞航导弹, 2015 (11).

国外反"低慢小"无人机能力现状与发展趋势

罗淮鸿　卢盈齐

　　随着"低慢小"无人机发展，低空安全受到的威胁增大，反"低慢小"无人机能力已经受到广泛关注。本文介绍了国外反"低慢小"无人机的发展动态，分析了国外"低慢小"无人机的能力现状，并对反"低慢小"无人机的未来发展趋势进行探讨。

引　言

2018 年 1 月，13 架装有爆炸物的自制无人机袭击了多个驻叙俄军目标；2018 年 8 月，两架"大腿精灵"经纬 M600 无人机，分别携带一 kg C4 炸药，对正在演讲的委内瑞拉总统马杜罗进行突袭；2018 年 11 月，沙特王室在也门前线阵地，遭遇胡塞那边多架满载导弹的无人机袭击。"低慢小"无人机袭击和骚扰事件在各国层出不穷，这给国家政要和安保部门带来了恐慌，因此，消除"低慢小"无人机的威胁刻不容缓。

反"低慢小"无人机能力，是基于"低慢小"无人机对低空空域造成国家安全和社会威胁，保卫部门依托技术装备支撑，灵活运用战法，以达到消除威胁为目的的一种综合能力。树立保卫低空安全理念，提升反"低慢小"无人机能力，可以有效预防发生"黑飞"和其他突发空情，能够第一时间处置低空域险情，使公共区域和国家安全得到保障。

1　国外反"低慢小"无人机动态

由于"低慢小"无人机带来的威胁逐渐增加，各国政府纷纷采取多样化策略，加强反"低慢小"问题研究，旨在消除低空域安全威胁，确保领空安全。

1.1　美国重视反"低慢小"无人机战略地位

美国政府表示，"低慢小"无人机威胁已经成为五种最具有破坏力的空中威胁之一。美国空军雷达搜索范围很广，能扩展到 30 000 英尺（约 9 144 m），尽管如此，"低慢小"无人机仍难以被探测到。因此，美国自 2012 年就已经开始制定反无人机战略[1]，筹划一个既能够快速有效地应对敌方无人机的威胁，还能辨识友军飞机和导弹能力的防空体系。2016 年，美国陆军发出信息征询书（RFI）反无人机（C-UAV）解决方案已经通过测试，能够对抗 20 磅（约 9.07 kg）以下级别的微小型无人机。2017年初，美陆军委托锡拉丘兹研究公司开发、生产和交付15套新型反无人机系统，以达到"联合紧急作战提速"的任务要求。同年7月，美国陆军在"机动火力一体化试验[2]"演习中，测试了多款车载式反无人机系统，对新研制技术进行评估，通过MFIX演习，展示了超前的反无人机能力，并将反无人机技术部署在部队装备上。2018年1月，美陆军发布《网络空间与电字作战构想2025—2040》手册，旨在深化"多域战"概念[3]，其中一个重要内容就是强化地面力量运用电子战提升反无人机能力。

1.2 俄罗斯组建"特种部队"应战"低慢小"

俄罗斯于2017年在俄罗斯陆军野战部队编制下，组建"电子战特种部队"[4]。这支部队专门运用无线电对战无人机，将基本耗尽寿命的军用无人机当"活靶"，以实战的形式培养未来战场的猎手，从而提升反制能力。2018年11月，俄国防部称，其武装部队正在制定反无人机集群式袭击军事基地的战术科目，计划明年开始，将在所有大型演习中增加反无人机集群式袭击的战术科目训练。此计划在10月份进行试训，俄黑海舰队在克里米亚海岸附近举行的演习期间首次使用了这种战术，演习以叙利亚遭空袭为背景，方向由陆地转向海面，寻求反击无人机的方法。

1.3 英国政府筹建"COI4"反无人机信息中心

英国政府于2016年公布，将反无人机纳入无人系统战略，重点建立发展一座反无人机信息中心，代号为"COI4"[5]，主要针对通过无人机实施恐怖袭击、侵害隐私、民众抗议及非法闯入等问题开展研究。2017年5月，英国在伦敦举行2017年反无人机（C-UAS）大会，主要目的是探索交流反无人机形势，规划应对未来战争中的反无人机战略。

1.4 意大利加速拓展电子战系统效能

2016年1月19日，据报道，意大利芬梅卡尼卡集团塞莱斯电子系统公司（SelexES，英国防务公司），在伦敦防务展（DSEi）上发布了新型电子战系统"隼盾"（Falcon Shield）[6]。该系统由雷达、光热成像照相、微型旋翼频率侦听麦克风和能检测无线电信号组成，能追踪"黑飞客"的具体位置。该系统不仅能够探测、识别、定位、干扰、打击"低慢小"无人机，还能夺取目标无人机的控制权并改变预设地点。后期升级研发中，塞莱斯将系统进行模块化扩展，既可以为城市大型建筑群提供全程重点保护，也可以保护大型活动场馆、核心要害部位或前沿军事基地。

1.5　以色列多措并举做好反"低慢小"准备

一直以来，以色列的国防工业、科技水平都比较发达，其反无人机系统也遥遥领先。2016年，自"无人机警卫"（Drone Guard）和"无人机穹"（Drone Dome）两套固定式反无人机系统加入防空武器序列后，2018年更是推出制导式小型无人机，用于攻击士兵、狙击手和其他"低慢小"无人机。以色列为做好应对空天威胁斗争准备，不断研制和升级反无人机系统，以确保其国防和社会领域的安全。

1.6　其他国家初步具备应对"低慢小"条件

瑞典、德国、法国、日本也抓紧进行反"低慢小"无人机系统开发和战法研究，吹响了反"低慢小"无人机作战的"集结号"。

2　国外反"低慢小"无人机能力现状

近年来，各国在国家战略和反"低慢小"无人机技术发展的推动下，形成了一定理论和技术基础。这些研究虽然比较零散，不成体系，但却为开辟反"低慢小"无人机专业技术领域，逐渐形成配套战法打下了良好的基础。实施反"低慢小"无人机行动，主要分为夺取控制、诱骗干扰、直接摧毁、无人机反无人机和网式拦阻。

2.1　夺取"低慢小"控制权

"低慢小"无人机一般采用惯性导航系统与GPS卫星导航系统相结

合的双联控方式，通过内置的 Wi - Fi 网络和远程端口，与操控者的手机、电脑相连。通过无线电技术对"低慢小"无人机阻截无人机与操控者之间的频率和传输代码，进而控制这台无人机。

瑞典萨博公司研发的"长颈鹿"（Giraffe，如图 1 所示）AMB 雷达[7]是基于三维电子雷达系统的基础上拓展的一款新式雷达，具有超常视距，雷达探测范围更广，精确性更强，并且能够发现 SCR 不小于 0.001 m² 的空中目标，快速识别"低慢小"无人机。经过验证，该雷达还能够作为探测雷达与多种型号的地面防空武器系统连接，同时应对 6 架"低慢小"无人机入侵，并通过电子信号控制无人机。

图 1 "长颈鹿"（Giraffe）AMB 雷达

"无人机警卫"（DroneGuard）[8]是以色列航空工业公司（IAI）推出的一款反无人机系统，系统将光电传感器、3D 雷达和电子攻击干扰系统融合集成，可探测、识别和干扰"低慢小"无人机。该系统兼容多款 3D 雷达，近、中、远距离的无人机均可探测。同时，在特殊的侦察和跟踪算法帮助下，可通过特殊侦察和跟踪模型，利用光电传感器识别目标，进而干扰无人机的飞行。

2017 年，KB 雷达设计局在阿布扎比国际防务展览会上，展示了新型便携式 Groza-R 反无人机系统（如图 2 所示），该系统的主要用途是对抗消费级多旋翼无人机，能够有效干扰 2.4 ~ 2.485 GHz 和

图 2 Groza-R 系统

5.76～5.88 GHz 的射频通信，除此之外，它还能够截获 GPS、"伽利略"、"格罗纳斯"和"北斗"系统的卫星导航信号。不管"低慢小"无人机使用何种信号控制，都能够轻而易举拿下。

2.2　电磁信号诱骗干扰

随着技术的发展，"低慢小"无人机抗电子信号能力也在增强，普通的电子信号很难干扰成功。但经过试验，使用电磁脉冲、高功率微波等电磁压制，能够烧毁无人机半导体元件，使无人机陷于失控甚至坠机状态。

澳大利亚 DroneShield 公司 2017 年的"无人机战术干扰枪"和"Mk Ⅱ型无人机干扰枪"，如图 3 所示。这两款武器能干扰小型无人机频率，切断其远程控制和视频传输功能。根据该公司技术人员透露，无人机一旦被干扰，就会自动着陆或被迫返回出发点，有利于追踪"元凶"。

图 3　战术干扰枪

2018 年，俄罗斯"无线电工厂"公司研制了 PY12M7 型机动式反无人机侦察指挥车[10]。该型侦察车（如图 4 所示）由轮式装甲车改装而成，外观并不特别，但其功能强大，车内集成了通信、侦察、电源、自动控制、生命保障等各个分系统。指挥车单车侦察距离为 25 km，最大跟踪空中目标数为 120 个。内设一至两人自动化指挥席位，指挥流程操作简捷，"低慢小"无人机一旦被它锁定，通过自身无线电干扰设备压制或引导打击兵器对无人机实施攻击，达到反制目的。

2.3　实施物理打击摧毁

主要是通过动能武器、反无人机导弹、步枪等进行不可逆转的射击摧毁，形成地空火力打击网。

图 4　PY12M7 型机动式反无人机侦察指挥车

2016 年 6 月，美国国防部宣布加快"相位器"高功率微波武器[9]拦截"低慢小"无人机试验（如图 5 所示）。这项技术主要配给美国陆军旅级作战部队，专门用于反小型无人机。该武器以柴油为动力燃料，在自带搜索雷达或其他高精度雷达的指引下跟踪无人机，通过蝶形密集天线发射高功率微波，击穿无人机内部的电子器件，使其坠机。"相位器"系统不仅可以快速发现并摧毁单架小型无人机，还可以同时对多架小型无人机进行攻击。

图 5　"相位器"高功率微波武器

2017 年，德国莱茵金属公司透露，将光电、红外、声学、雷达、微多普勒和射频等多种探测器与枪炮导弹集成在一套系统上，直接指引枪炮进行打击，可以大大降低探测、跟踪"低慢小"无人机的成本，有效避免了"导弹打苍蝇"的尴尬，不用浪费高造价的导弹来应对廉价的无人机威胁。

2017 年 7 月，拉斐尔先进防务系统公司对产品进行升级，在其

"无人机穹顶"的微小型无人机反制系统上,加载激光硬杀伤功能。该系统可依据情况选用软杀伤或硬杀伤。采用软杀伤时,通过 C-Guard RD 干扰器中(总射频输出功率高达 400 W)阻挡无人机信道,切断无人机链路及 Wi-Fi 频段。采用硬杀伤时,10 kW 的高能激光从 Lite Beam 激光器发射,可一次击落多架无人机。另外,可以使用高压水枪、强风机来反制无人机。

2.4 无人猎手以机制机

2018 年 7 月,美国陆军购置了雷声公司研发的"郊狼"(Coyote,如图 6 所示)无人机系统[11]和 Ku 波段射频(KRFS)雷达两款装备,以应对低空域的无人机威胁。"郊狼"具有形体小、可回收的经济型无人机,它采用管式发射的方式,可以单独或集群飞行执行多样化任务。"郊狼"无人机安装了导引头和弹体,与 KRFS 雷达相结合,通过先进的电扫描阵列技术,可成功识别和打击敌方各种尺寸"低慢小"无人机。

同年,以色列宇航工业公司研发出一款具有制导功能的新技术无人机[12]。其特点是价格低、易携带、多旋翼、可主动制导。该型号无人机可以携带炸弹攻击士兵、狙击手和其他无人机。操控者可在近距离对目标发射弹药,如果目标躲开或没有被消灭,则无人机自动返航回到起飞点重新挂弹,并再次起飞执行任务,直接任务完成。其速度和灵敏度非常适合在城市中使用(如图 7 所示)。

图 6 "郊狼"

图 7 制导式无人机

2.5 网式拦捕略显成效

英国 OpenWorks Engineering 公司在 2017 年英国国际防务展上,发布了一款 SkyWall 300 肩扛式反无人机大炮。市场总监 James Cross 介绍说，这款武器大约从 2016 年前就开始着手研发，SkyWall 300 属于该系列武器的第三代自动捕获反无人机武器。质量约 11.3 kg，单兵操作为主，也可以固定安装或车装结合使用，操作非常简单。通过枪式发射器和智能瞄准器，发射一张长达 120 m 的网，有效距离为 10 ~ 250 m，用来抓捕速度 50 m/s 以下的"低慢小"无人机。

日本媒体近期发布一个视频，显示东京警视厅正在使用六旋翼机拉开一张 3 m×1 m 的网，在空中追捕四旋翼无人机。在半空中捕获未经授权的无人机，这些多旋翼机均配备了大型捕获网。

3 反"低慢小"无人机发展趋势

总体看来，反"低慢小"无人机能力正在不断进步和创先，逐渐呈现出自动化、合成化、体系化的发展趋势。未来的反"低慢小"无人机系统不仅能够与战车结合，还有可能布置在空基和海基平台上，甚至能够与各种相似频段、信号的装置进行协同工作，最终形成信息全获悉、探测全覆盖、监控全视角、打击全方向的高智能一体化体系。

3.1 全域监控仍然是主要发展方向

可以依托天网工程，建立"低空搜索网"，采用网络化监视节点，各节点设有固定式动态跟踪摄像头，并配备传感器，可清楚查看建筑物上方和建筑物之间的空域，实时显示监视区域内的具体情况。

3.2 实现信号接收转换将成为可能

5G 时代即将到来，可以借助 5G 信号塔（器）作为获取全向空域信号源，合理利用好 5G 资源，将大大减少监控探测成本。

3.3 赛博控制技术将成为主要手段

"低慢小"无人机通常采用 Wi-Fi 网络和远程开放端口来进行交互，可用赛博（Cyber）空间上的控制技术来实现对入侵无人机的反控制。

3.4 电子围栏覆盖将实现重点防护

对于重要目标或敏感区域而言，采用电子围栏技术[13]实现对地空无人机的静默防护，达到隐蔽目标的目的。

4 结束语

毫无疑问，"低慢小"无人机的发展给人类带来便利的同时，也带来了现实威胁。值得重视的是，现有反"低慢小"无人机技术虽然起到了一定的防范打击作用，但还不足以降低低空域威胁。我国尽管没有发生过遭无人机袭击的重大事件，但"黑飞"依然存在，一旦升级成为恐怖袭击，将会严重影响我国政治地位。战场形态瞬息万变，不仅要在技术上不断更新、系统持续升级、体系逐渐完善，还必须将技术与军队、武警、公安等保卫力量结合，创建常态化反"低慢小"无人机态势，对确保空域安全有着重大意义。

参考文献

[1] 刘丽，魏雁飞. 美军反无人机技术装备发展解析［J］. 航天电子对抗，2017（2）.

[2] 李磊，申超. 透过美 2017 机动火力集成试验演习看美陆军反无人机能力发展［J］. 飞航导弹，2017（7）.

[3] 武平. 2018 年世界电子战装备发展综述［J］. 四川兵工学报，2018.

[4] 王鹏. 俄军组建专业反无人机部队，具有开创意义［N］. 中国青年报，2017（11）.

[5] 罗斌，黄宇超. 国外反无人机系统发展现状综述［J］. 飞航导弹，2017（9）.

[6] 石红梅，谭晃. 国外无人机监管及反制技术最新发展概况［J］. 中国安防，2016（4）.

[7] 刘玉文，廖小兵. 反无人机技术体系基本框架结构［J］. 四川兵工学报. 2015，36（10）.

[8] 李明明，卞伟伟. 国外"低慢小"航空器防控装备发展现状分析 [J]. 飞航导弹，2017（3）.

[9] 韩慧孝，赵全习. 防空作战中"低、慢、小"航空器不利影响因素探索 [J]. 飞航导弹，2017（3）.

[10] 蓝山. 国外非毁灭性反无人机技术发展 [C]. 知远，2017.

[11] 陈银娣. 世界主要反无人机方案及技术发展综述 [EB-OL]. www.sohu.com，2018-09-23.

[12] 江山. 以色列研制用于侦察和反无人机的新型无人机 [EB-OL]. uav.huanqiu.com，2018-09-23.

[13] 陈杰生，王政. 信息化防空加强重要目标掩护和防护的对策 [J]. 军事，2018（6）.

[14] 张静，张科. 低空反无人机技术现状与发展趋势 [J]. 中国安防，2018（6）.

[15] 陈永新. 美国积极探索反无人机技术 [J]. 国外兵器情报，2014.

[16] 李雅琼. 英法研制反无人机防御系统 [J]. 国外兵器情报，2015.

[17] 刘玉文，廖小兵. 反无人机技术体系基本框架构建 [J]. 四川兵工学报，2015（36）.

[18] 杨勇，王诚. 反无人机策略及武器装备现状与动向 [J]. 飞航导弹，2010（48）.

[19] 刘超峰. 反微型无人机技术方案调研 [J]. 现代防御技术，2017（4）.

[20] 贾耀兴，陈浩. 地面防空武器拦截"低、慢、小"目标主要技术途径 [J]. 地面防空武器，2010（2）.

[21] 刘家福，雷震. "低慢小"无人航空器反制平台的应用 [J]. 中国安防，2018（6）.

[22] 邓刚，邱晓宁. 反无人机作战面临的挑战及对策 [J]. 国防大学学报，2016（3）.

战区地面防空反导力量运用策略

陈唐君　李　炜　刘东兵

　　战区地面防空反导力量是应对信息化空袭威胁的主要作战力量，对于维护战区作战体系稳定具有重要作用。本文从防空理念、兵力需求部署、指挥协同、战法运用及保障防护五个方面，对联合作战中战区地面防空反导力量的合理运用进行了探讨，并提出建议。

引　言

我国军事斗争的基点在于打赢信息化局部战争。战区作为完成战略任务的重要一级，必须将军事战略的具体任务落实在战区战略上[1]。综观新世纪几场局部战争，信息化空袭已成为进攻方最为重要的作战手段，不仅贯穿战争全过程，甚至对达成最终目的起到决定性作用。未来战区面临着来自空天的极大威胁。因此，确保战区作战力量空防安全，维护战区联合作战体系稳定运行，是实现战区战略目标的前提。战区地面防空反导力量作为当前应对信息化空袭威胁的主要力量，研究其运用策略，对于完成战区战略任务具有重要意义。

1　树立攻势防空观念，融入战区联合作战体系

随着信息技术的不断发展，未来战区将面临一场以新一代作战飞机、无人机、弹道导弹、巡航导弹及新型临近空间飞行器为主战装备所实施的多种类、多维度、多方向、全纵深、全高度、全时段的信息化空袭。防空反导作战越发呈现出任务重、时间短、决策难、信息对抗激烈等特点。而作为当前抗击空天威胁的主要力量——地面防空反导力量，却因装备技术发展相对滞后，网络化程度不高，未能体现出体系优势。单纯运用地面防空反导力量实施被动防御，将无法有效完成抗击任务。同时，作为一个信息化水平不断提升的大国，我军拥有着不可小视的进攻力量。战区战略目标的实现在很大程度上取决于战区内优势作战力量的充分发挥。因此，战区地面防空反导力量参与信息化作战，必须摈弃机械化时代的单纯防御观念，自觉贯彻我军积极防御的战略方针，牢固树立攻势防空观念，以攻制攻，积极配合战区其他军事力量夺取战争主动权。

攻势防空，就是在以抗击作战为基本作战样式的同时，通过积极的攻击手段构成进攻态势，实施攻防兼备的积极防空，在必要时"先发制人"，将敌人空袭兵器坚决消灭在空袭途中或者基地内。其实质是攻防结合，以攻助攻；其基本要点是抗反结合、积极反击，通过反击

作战，遏制和粉碎敌之空袭[2]。攻势防空强调综合采取多种手段，运用各种力量实施抗、反、防一体联合的防空反导。其作战力量由空、陆、海、火箭军及人民防空力量共同组成；作战行动既有空军航空兵的空中截击作战和地面防空反导力量的抗击作战，也有空军、火箭军部队实施的反击作战，还有伪装防护、核化救援、消除空袭后果等各类防护行动；作战方式既有多种火力的硬杀伤，也有信息的软对抗[3]。运用地面防空反导力量必须确立为其他军事力量进攻行动创造条件、提供保障的思想，着眼于战区战略全局，实现联合防空反导与封打进攻的紧密结合、内线防空反导与外线进攻的密切衔接，确保战区联合作战的整体协调[4]。

组织攻势防空，与敌进行体系对抗，要求将地面防空反导力量有效地融入战区联合作战体系之中，以辅助进攻性作战力量，保证优势进攻力量的充分发挥，最终达成战略目的。而这种高度的体系融合不仅是将散之于各军兵种的地面防空反导力量进行一次重新的整合编组，更是在此基础上依托信息系统平台，将其融入由侦察预警系统、指挥控制系统、火力信息对抗系统、综合保障系统所组成的战区联合作战体系中。

2　适应战区兵力需求，补强兵力，科学部署

我国幅员辽阔，各战区（战略方向）的内外部条件殊异，内部自然地理、人文环境等差别很大，外部面临威胁、作战对象等不尽相同。在不同的战区内实施防空反导作战对地面防空反导力量也提出了不同的兵力需求[5]。另一方面，各战区内平时编配的地面防空反导力量主要为满足日常战备和处置突发事件。但在战争爆发后，敌方空袭威胁加大，我方多种进攻、保障等军事力量向战区聚拢集结，保卫目标也随之增多，战区兵力需求矛盾加剧。因此，应根据战区战役类型和规模、敌方空袭能力、战场地理环境及战场容量，围绕战区防空反导作战任务，需要掩护的目标，进一步明确对各类目标的基本兵力部署规模，科学计算出所需的地面防空反导兵力。再根据战区兵力需求情况，

在保证国家整体空防安全的前提下，调集其他方向的地面防空反导力量实施支援补强。

在实施兵力补强之后，坚持以"全面部署与重点部署相结合，固定部署与广泛机动相结合，全纵深梯次部署，不同种类、不同性能的兵力兵器混合部署"为原则，实施科学配置，构建"三层四区"的防空反导一体化拦截打击态势。"三层"即低层防空反导（××千米高度以下）、中高层防空反导（×× ~ ××千米高度，包括反临近空间目标）、低轨空间反卫（×× ~ ××千米高度内）。"四区"即"攻防兼备"的防空反导四道拦截区域：远程攻击区、中程抗击区、近程阻歼区和末端防御区[6]。同时统筹处理好防空作战部署需要"分散"与反导拦截部署需要"收缩"，以及支援防空部署的"点驻守"与要地防空部署的"面覆盖"这两对矛盾。当前则以战区防空布势为重点，注重与进攻力量的配合，使地面防空反导力量与进攻力量部署相适应，突出效能聚优，形成局部优势。在整体布势上，将骨干型远程地空导弹部队略靠前设置在敌人主要来袭方向，既可以有效压缩敌主战、作战保障飞机活动区域，又可以对我方航空兵部队等进攻力量实施掩护和支援；再将中近程地空导弹部队与远程地空导弹部队混合配置，以弥补远程地空导弹部队的近界盲区，在中低空形成火力衔接或重叠；并在纵深线上增加部署一定数量的中远程地空导弹部队，在中高空形成火力衔接，确保对整个待掩护区域实现火力覆盖；而弹炮、高炮等末端防御部队则主要配置在重点目标附近，实施末端拦截；并综合考虑战场实际态势，适时组织机动，编织出一张远中近末端相衔接的绵密防空火力网。

3 按照联合作战要求，统一指挥，密切协同

防空反导作战行动是战区联合作战的一个组成部分，呈现出抗击目标多样、参战力量多元、指挥控制任务重、作战行动协同难等特点。为确保作战效果，必须从战区战略全局出发，按照联合作战要求，依托精准高效的扁平化指挥信息网络系统，将地理上较为分散的指控机

构、武器平台和不同机理的传感器深度交联起来，对地面防空反导力量实施统一指挥。地面防空反导力量的指挥活动，都只能在战区联合作战指挥的框架内进行。

联合防空反导指挥控制体系则根据联合筹划、统一决策、集中管控、分工组织、有机协同的需求，由战区—战役方向—防空反导火力单元三级一体组成。其中，战区联合防空反导中心以空军为主，吸收其他军兵种防空反导力量组建，设立联合防空、联合预警、电磁频谱管控、电子对抗、网络战、综合防护等指挥单元，主要任务在于联合防空反导作战的总体筹划和统一调控。而区域防空反导指挥部则依托区域合成指挥所开设，以空军基地为基础建立，在战区联合防空反导中心的领导下统一指挥本战役方向作战行动。防空反导火力单元主要依托建制地面防空战术级火力单元组成，贯彻上级作战意图，具体组织所属部队展开行动。在指挥方式上，以战区联合防空反导中心的集中指挥为主，根据战场态势进行灵活指挥。以逐级指挥为主，遇情况紧急或者组织反导作战时，战区联合防空反导中心或区域防空反导指挥部向作战火力单元越级下达作战命令，进行指挥。

地面防空反导力量在统一高效的指挥下，通过密切的组织协同来发挥体系的整体威力。按照"计划协同为主、临机协同为辅，战术协同为主，技术协同为辅"的原则，着重加强与战区其他军事力量的协同联系，保证联合作战行动协调、有序、高效进行[7]。其中，与火箭军部队、陆军远程火力、海军岸舰导弹等陆地进攻力量的协同，依据协同计划，组织严密的对空掩护；与空军突击航空兵等空中进攻力量的协同，以计划协同为主、临机协同为辅，进行空域掩护；与歼击航空兵等空中掩护力量的协同，在技术协同基础上，采取区分空域、区分高度、区分时间、区分目标的方法组织协同；与电子对抗、网络部队等信息作战力量的协同，则按照信息作战协同计划，明确时域、空域、频域相互协调的要求，确定协同失调和遭到破坏时信息攻防能力的恢复与调整方案。

4 紧扣具体作战任务，灵活运用战法，有序展开行动

联合防空反导作战要求实施统一指挥，但在具体作战任务和火力运用上，应赋予地面防空反导群指挥员适当的自主权，利于发挥主观能动性，灵活运用战法，使作战行动顺利、有序进行，最终达成作战目的。战法作为一种实际行动方法，受具体战场环境影响较大。特别是在地面防空反导力量信息化程度不高的不利形势下，根据具体作战任务，客观分析判断敌空袭情况，充分利用实际战场环境，选准敌弱点短处，以己之长、击敌之短，避强击弱、以实击虚，以求取胜。在科索沃战争中，南联盟弱小的地面防空力量通过对美军空袭兵器及战术运用深入分析，利用 F-117A 隐形战斗轰炸机出入航线较为固定，运用接力预警、机动设伏等战法，成功将其击落，获得战斗的胜利，就是灵活运用战法的典型战例之一。

面对敌灵活多变的空袭战术、多样化的突防手段、激烈的信息对抗，地面防空反导力量在灵活运用战法方面，应突出实现信息与火力的一体抗击。当防御敌信息攻击时，综合不同武器型号和不同程式雷达的战术运用，混合配置信息对抗与防御力量，实施"信火集成，支援诱骗"，形成对抗合力。当抗击敌隐身突防时，采取一线远程防空导弹扩大布势正面、混合配置中程导弹、纵深配置其他型号装备，实施"宽正部署，纵深防御"，构成交错火力或侧向抗击之势。当抗敌干扰掩护时，加强电磁频谱管控，以第二代装备早开天线徉动诱敌，为第三代装备创造射击条件，实施"电磁管控，主徉配合"。当抗敌巡航导弹时，依托指挥控制系统提供的空情目标信息精准指示，火控雷达保持静默、适时突然开机，实施"静默跟踪，远捕快打"。当抗敌精准打击时，对敌近距离进袭目标，以防空群弹炮营或近程防空导弹、高炮等力量为主，配合运用电子防空群干扰设备，干扰其精确制导武器，实施"末端抗击、光电抗扰"，提高地面防空群和重点保卫目标的生存能力。

5 追求作战效能最大化，精心保障，严密防护

在信息化战争中，地面防空反导力量的信息支援要求高，技术勤务保障复杂，兵力悸动频繁，作战消耗大。为实现其作战效能的最大发挥，应依托战区联合作战体系建立协同保障机制，以满足地面防空反导力量作战勤务、后方勤务和装备技术保障的需求。同时，地面防空反导力量拥有本土作战优势，便于采取军队保障体系与地方社会化保障相结合的方式。首先根据战区情况科学计算出作战保障整体需求，然后按照"部队需求申请—保障机构受理—具体组织保障"的流程，统一组织防空反导作战行动的情报、通信、弹药、器材、技术、后勤等保障行动，实现降低保障成本和提高保障效率的"双赢"。地面防空反导力量也要发扬独立作战能力强的优点，积极实施自我保障，用以对统一保障进行补充。

再者，信息技术发展早已使得战场趋于透明，地面防空反导力量特别是拥有一定进攻性作战能力的新型远程地空导弹同样成为敌攻击的重要目标。地面防空反导力量要"保存自己，消灭敌人"，就必须扎实做好自身防护。一是严格控制电磁辐射，特别是制导、火控雷达，防敌电子侦察、干扰。二是尽量减少无线通信，主要使用有线通信，既能保证通信质量，又可防止泄密。三是利用各种手段做好阵地的隐蔽与伪装，虚虚实实、隐真示假、迷惑敌人。四是适时机动，实施部署调整。分析近期的空防对抗战例，有效实施防护措施，对保存地面防空反导力量作战实力、增加敌方空袭消耗起到了极佳的战果。

6 结束语

在战区联合作战体系内，合理运用地面防空反导力量，应树立正确的防空理念，进行科学的兵力部署，实施统一高效的指挥，灵活地展开作战行动，同时注重做好自身的保障和防护，以期实现与战区内其他作战力量的有效配合，完成战区战略任务。

参考文献

［1］李瞰. 推进新形势下战区战略创新发展［J］. 西安陆军学院学报，2011 （2）.

［2］王凤山，李孝军，马拴柱等. 现代防空学［M］. 北京：航空工业出版社，2008.

［3］齐泽强. 对我国防空战略方针的思考［J］. 防空兵学院学报，2013（4）.

［4］张一丁. 防空反导作战仍需注重攻防结合［J］. 军事学术，2010（12）.

［5］王春远. 加强新形势下战区战略研究的思考［J］. 国防大学学报，2011 （12）.

［6］欧爱红，蔡昌海，曾艳. 浅析地面防空反导力量建设与运用［J］. 空军军事学术，2012（2）.

［7］崔京光，张学忠，叶建华. 联合防空作战诸军兵种协同研究［J］. 空军军事学术，2013（1）.

防空反导作战决策威胁估计方法研究

刘胜利　王　睿　王　刚　吴舒然

　　威胁估计方法是防空反导作战决策的重要研究领域之一，影响防空反导作战效能的有效发挥。在分析威胁估计问题的基础上，对威胁估计因素选取、威胁估计因素量化方法和目标威胁度计算方法分别进行了研究，总结了防空反导作战决策威胁估计方法目前存在的不足，并对未来发展方向进行了展望。

引 言

威胁估计（Threat Assessment，TA）是防空反导作战决策的重要环节，为目标分配提供支持依据。威胁估计方法的设计必须与防空反导作战的指挥体制、作战任务及战场环境相适应，选择能够准确反映目标威胁程度的估计因素、量化方法与建模方法。本文通过对威胁估计问题进行分析，明确了威胁估计的主要组成部分，然后分别就威胁估计因素选取、威胁估计因素量化方法和目标威胁度计算方法进行了讨论，并对威胁估计方法进行了总结展望。

1 威胁估计问题分析

防空反导作战威胁估计是指利用传感器探测的实时目标信息，预测各批空袭目标对被保卫对象或地空导弹阵地的威胁程度并确定目标的威胁排序。其中，目标威胁程度反映了在不考虑攻防体系对抗的条件下，空袭目标成功侵袭被保卫对象或导弹阵地的可能性，以及侵袭成功时可能造成的破坏程度；目标威胁排序是根据各批空袭目标的威胁程度及排序准则确定的目标排列顺序，是进行目标分配的主要依据之一。

威胁估计主要包括四个部分：威胁估计因素的选取、威胁估计因素的量化、目标威胁度的计算与目标威胁排序的确定，其流程关系如图1所示。

1.1 威胁估计因素的选取

影响空袭目标威胁程度的因素有敌我属性、目标类型、目标距离、目标高度、目标速度、航路捷径、航向角、飞临时间、目标 RCS、干扰能力、机动能力、挂载武器和被袭目标价值等，大致可分为决定目标攻击企图的因素、决定目标攻击能力的因素与被袭目标价值。这些因素存在相互关联，例如飞临时间、飞行速度和目标距离可由其中的任意两个因素计算出第三个因素，而且在防空反导作战中获取的目标

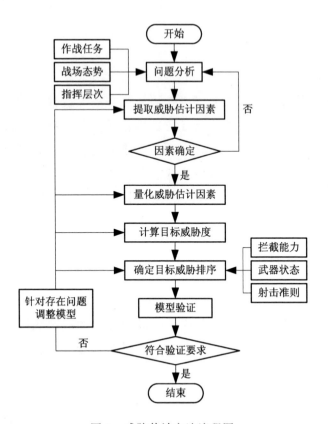

图 1　威胁估计方法流程图

信息有很强的不确定性。因此，合理全面地选择估计因素对威胁估计结果的可靠度具有直接影响。

1.2　威胁估计因素的量化

在选定估计因素后，需要根据防空反导作战特点对所选因素进行合理量化。估计因素一般分为定量因素与定性因素，量化的目的是通过定量或者定性到定量的量化方法，得到可供计算处理的量化数值，为目标威胁度的解算提供数据输入。每个估计因素对目标威胁度的影响都有各自的规律，量化的关键就是对这种变化规律通过适当的方法进行准确的刻画，而且所选择的量化方法体现了防空反导作战特点、目标作战使用规律、目标运动特性和指挥员的作战决策思维模式。

1.3 目标威胁度的计算

在得到目标关于各个估计因素的量化值后，需要对所有的估计因素进行综合权衡，计算目标的威胁度。目标威胁度的计算方法主要分为两类：基于数学解析的建模方法和基于智能计算的建模方法。前者的优点是模型算法发展成熟，求解速度快，有现成的商业软件可供利用，但缺点是对适用条件的要求较苛刻，对问题的简化程度过大，随着问题求解规模的扩大，计算复杂度呈指数增长。后者的优点是对求解问题的要求较宽松，自适应性强，可并行计算，而缺点是对计算能力的要求高，收敛速度受参数的影响大，需要对算法进行设计。

1.4 目标威胁排序的确定

在计算出各批空袭目标的威胁度后，需要根据目标威胁度和排序准则对所有目标进行排序，以支持目标分配和指挥员决策。威胁排序准则依据拦截能力、武器状态和射击准则确定，一般包含拦截顺序优先级排序准则和目标从拦截优先级队列删除准则[1]。此外，威胁度计算与威胁排序是一个动态变化过程，有一定的更新周期。

2 威胁估计因素选取

威胁估计因素来自传感器获取的目标状态信息和信息融合得到的目标属性信息，分为决定目标攻击企图的因素、决定目标攻击能力的因素与被袭目标价值三类。Libhaber[2]通过实验确定了 22 个可供选择的因素，但威胁估计针对的是敌我识别后的空袭目标，所以，不考虑敌我属性和决定目标可探测性的目标 RCS。

2.1 决定目标攻击企图的因素

决定目标攻击企图的因素反映了目标的动态特征，包括目标高度、目标距离、目标速度、飞临时间、航路捷径、航向角等。因为航路捷径和航向角之间存在联系，所以，一般从二者中选其一；目标距离、目标速度与飞临时间之间存在推导关系，一般从三者中选其二。一般目标高度越低，目标距离越近，目标速度越快，飞临时间越短，航路捷径越小，航向角越小，则目标攻击企图越明显，目标的威胁程度越大。

2.2　决定目标攻击能力的因素

决定目标攻击能力的因素体现了目标的静态特征，包括目标类型、干扰能力、机动能力、挂载武器等。目标的攻击能力主要取决于目标类型，目标类型不同，其干扰能力、机动能力、挂载武器不同，所以，目标的攻击能力不同，目标威胁程度也就不同。但是，随着电子战的发展及其对防空反导作战的影响，目标的干扰能力经常作为一个十分重要的估计因素。一般目标攻击能力与目标威胁程度成正比。

2.3　被袭目标价值

空袭目标攻击的被保卫对象或地空导弹阵地的重要程度不同，则空袭目标的威胁程度不同，一般被袭目标的重要程度越高，空袭目标的威胁程度越大。被袭目标的价值通常根据上级指挥员的指令确定，或者本级指挥员通过分析各被袭目标的重要性、易损性、恢复性及其面对的敌方威胁，确定其价值。

3　威胁估计因素量化方法

威胁估计因素可划分为定性因素与定量因素，通常定性因素用离散的状态进行描述，定量因素用连续的数值进行刻画。科学合理的量化方法应能准确反映定性因素的不同状态与定量因素的不同取值对目标威胁程度的影响，以及状态或取值改变时目标威胁程度的变化。量化方法是威胁估计因素量化的关键，分为定性因素的量化方法与定量因素的量化方法。

3.1　定性因素的量化方法

决定目标攻击能力的因素与被袭目标价值皆为定性因素，它们涵盖许多不同的状态，需采用定性到定量的方法将这些状态对目标威胁程度的影响用数值表示。

对定性因素的量化方法主要有 Miller G A 的分级量化理论、专家群决策与模糊标度值法等。Miller G A 分级量化法是使用最广泛的定性因素量化方法，通过结合实战经验，把各定性因素的不同状态整合分类为不同等级，根据 Miller G A 量化理论，分析比较不同等级对目标威胁程度的影响，在 1~9 中选取适当的值赋予各等级。专家群决策多应用于目标类型对目标威胁程度影响的量化，综合考虑多位军事专家关于定性因素的不同状态对目标威胁程度影响的认识，对所有状态进行排序并分别赋予合适的量化值，但该方法受到专家主观认识的影响。模糊标度值法适用于状态存在模糊性的定性因素，通过将模糊标度值法与区间数相结合，用区间数表示标度值，体现了因素的状态对目标威胁程度影响的不确定性。

3.2 定量因素的量化方法

决定目标攻击企图的因素为定量因素，它们采用连续数值表示，需通过定量方法求解反映这些数值对目标威胁程度影响的量化值，并且量化值的变化与因数值改变造成的目标威胁程度的变化相一致。

对定量因素的量化方法主要有隶属度函数、模糊分类方法与区间数理论等。隶属度函数在定量因素的量化中应用十分普遍，通过分析因素取值变化造成的目标威胁程度变化，构造隶属度函数，将函数值（隶属度）作为因素量化值，使因素取值对应的隶属度较准确地反映因素对目标威胁程度的影响。模糊分类方法多用于采用贝叶斯网络建模的威胁估计方法，对连续型的定量因素进行离散化处理，通过模糊分类函数对连续型数据进行模糊离散化，获得因素取值对其模糊集合的隶属度，实现对定量因素的量化。区间数可以反映出因素取值的不确定性，适用于取值波动的定量因素，将定量因素的取值用区间数表示，刻画定量因素取值的浮动情况，减少了不确定信息的流失。

4 目标威胁度计算方法

目标威胁度计算是对所有评估因素的综合权衡，其结果是对目标威胁程度的数值化表示。目标威胁度计算是威胁估计最关键的环节，其方法一般可分为两类：基于数学解析的建模方法与基于智能计算的建模方法。

4.1 基于数学解析的建模方法

基于数学解析的建模方法将成熟的数学模型应用于威胁度计算模型之中，求解算法为数学解析方法，计算速度快，但是对问题要求较为苛刻。基于数学解析的建模方法主要有多属性决策、层次分析法与对策论等。

多属性决策在基于数学解析的建模方法中应用较多，并且针对目标属性信息存在不确定性、评估因素之间存在冲突、因素权重的确定存在主观性等问题，经常与其他方法进行结合，如程明[3]针对目标信息存在不确定性的特点，采用精确实数型指标和模糊区间型指标混合的多属性决策模型对目标威胁度进行估计；万开方[4]综合理想解逼近排序法（Technique for Order Preference by Similarity to Ideal Solution，TOPSIS）与离差最大化原理，提出了多属性群体决策 TOPSIS 改进模型，一定程度上避免了指标权重确定的主观性和盲目性；闵绍荣[5]将变权理论与 TOPSIS 相结合，将 TOPSIS 运用于基于变权重矩阵计算得到的决策矩阵上，使结果可根据具体的态势变化做出相应调整。

层次分析法因其原理简单、容易实现等特点，成为威胁度计算的主流方法之一，该方法对评估因素量化值进行综合处理，构造判断矩阵并求解其归一化特征向量作为指标权重，通过加权求和得到威胁度；但指标权重的确定存在较强主观性，因此，出现了许多改进方法，如高杨[6]运用层次分析法处理用区间数表示的因素量化值，并利用区间数理论对指标权重的确定方法进行改进，以降低专家主观偏好的影响，使结果更为合理。

对策论基于冲突分析方法对空袭目标进行威胁评估,将博弈理论引入威胁估计问题的研究中,为基于数学解析建模方法的威胁度计算方法开辟了新的发展方向与研究思路。

4.2　基于智能计算的建模方法

基于智能计算的建模方法把智能算法引入威胁度计算模型中,使模型具有较强的并行性、鲁棒性和容错性,但求解算法需具体设计,对计算能力的要求较高。基于智能计算的建模方法主要有贝叶斯网络、模糊推理、神经网络与专家系统等。

贝叶斯网络可用于解决信息模糊条件下的威胁估计问题,刘跃峰[7]将模糊推理与贝叶斯网络相结合,建立模糊贝叶斯网络威胁估计模型,对战场的模糊目标威胁信息进行综合处理,该方法具有信息时间积累能力,能较准确地反映目标真实威胁程度;卞泓斐[8]利用将静态贝叶斯网络与时间信息相结合的动态贝叶斯网络建立威胁度计算模型,根据专家的专业知识确定条件概率矩阵与状态转移概率矩阵,结果反映了目标威胁程度的变化趋势。

模糊推理适用于解决威胁估计中的模糊性问题,由于该方法符合人解决模糊问题的思维方式,从而提高了威胁估计结果的可信度,而且通过与模糊集、Vague 集和群决策等方法相结合,扩大了模糊推理的使用范围和计算性能,如耿涛[9]采用 Vague 集和群决策方法进行模糊推理,将决策者的主观威胁估计信息转化为 Vague 数,并定义 Vague熵诱导的有序加权平均算子用于综合多位决策者的意见,该方法不受决策者主观风险态度的影响,还可用于综合多种威胁估计方法的结果。

神经网络是对人类大脑神经元连接结构的模拟,模仿了人脑的工作运行机制,具有并行计算能力强、可不断进行学习的特点,提升了威胁度计算模型的鲁棒性,而且针对神经网络性能受初始参数影响大的问题,利用模拟退火算法、粒子群优化算法及遗传算法等智能优化算法修正初始参数,增强了模型的泛化能力。如刘海波[10]针对灰色神经网络性能受初始参数影响的问题,建立了基于模拟退火粒子群算法优化的灰色神经网络威胁估计模型，利用经模拟退火算法改进的粒子群优化算法修正初始参数，增强了模型的鲁棒性。

专家系统利用产生式规则表示可拦截条件和威胁判断准则等知识，使威胁度计算模型可以自主获取和修改知识库中的知识，为基于智能计算建模方法的威胁度计算研究开辟了新的方向。

5　总结与展望

随着现代战争中空袭兵器及空袭战术的发展，防空反导作战面临反应时间急剧压缩、多武器饱和攻击和复杂电磁环境等现实难题，威胁估计具有不确定性、动态性、离散性及实时性等特点，因此，威胁估计方法的研究需要重点把握以下问题。

5.1　深入分析防空反导作战任务

现代防空反导作战是防空、反导、反临一体化作战，目标的作战特性与作战使用存在很大差异。因此，需要根据防空反导作战任务、空袭兵器的作战使用特点及防空反导武器的拦截能力，考虑引入更多的评估因素，精细化估计准则，以准确刻画目标的威胁程度，而不只是选取共有的目标特征作为估计因素，依据普适的准则进行估计。

5.2　注重提升模型的自适应能力

现代防空反导作战面临的是信息不确定的战场环境，目前基于单周期的单向威胁估计模型难以对目标的威胁程度形成稳定的判断。因此，如何增强模型的信息时间积累能力，综合多周期的威胁估计结果，提升模型自适应性是一个重要问题。随着大数据、数据挖掘、机器学习等先进技术的不断发展，人们对信息的分析处理能力不断增强，可将这些先进信息处理方法应用于威胁估计方法中，增强模型对不确定信息的处理能力，进而提升模型的自适应能力。

5.3　优化算法的稳定性、动态性与计算速度

威胁估计对算法的稳定性、动态性和计算速度要求很高，前面提

到的计算方法虽有各自的优点，但没有一种方法完全满足现代防空反导作战对威胁估计的需求。随着深度学习[11]、强化学习等的不断发展，这些新兴算法在表现出强大的计算能力与学习能力的同时，其稳定性、动态性与计算速度在大幅提升，因此，将深度学习、强化学习等算法引入威胁估计算法中，是优化算法稳定性、计算速度和动态变化能力的重要方向发展。

6 结束语

威胁估计直接影响防空反导作战效能的发挥，一直是防空反导作战决策的重要研究内容。威胁估计方法的研究应从因素、量化、建模三方面进行，并考虑不同作战任务的特点，设计具有强鲁棒性与高稳定性的更加符合防空反导作战决策现实需求的估计方法。

参考文献

[1] 王改革. 基于智能算法的目标威胁估计 [D]. 长春：中国科学院长春光学精密机械与物理研究所，2013.

[2] Libhaber M，Feher B. Naval air defense threat assessment：cognitive factors and model [J]. Command and Control Research and Technology Symposium，2000.

[3] 程明，周德云，张堃. 基于混合型多属性决策方法的目标威胁评估 [J]. 电光与控制，2010，17（1）.

[4] 万开方，高晓光，刘宇，等. 结合离差最大化的多属性群体决策 TOPSIS 威胁评估 [J]. 火力指挥与控制，2012，37（8）.

[5] 闵绍荣，陈卫伟，朱忍胜，等. 基于变权 TOPSIS 法的舰艇对空防御威胁评估模型 [J]. 中国舰船研究，2015，10（4）.

[6] 高杨，李东生，王骁. 基于区间数排序的目标识别系统威胁评估方法 [J]. 探测与控制学报，2015，37（6）.

[7] 刘跃峰，陈哨东，赵振宇，等. 基于 FBNs 的有人机/UCAV 编队对地攻击威胁评估 [J]. 系统工程与电子技术，2012，34（8）.

[8] 卞泓斐，杨根源. 基于动态贝叶斯网络的舰艇防空作战威胁评估研究 [J]. 兵工自动化，2015，34（5）.

［9］耿涛，卢广山，张安. 基于 Vague 集的空中目标威胁评估群决策方法［J］. 系统工程与电子技术，2011，33（12）.

［10］刘海波，王和平，沈立顶. 基于 SAPSO 优化灰色神经网络的目标威胁估计［J］. 西北工业大学学报，2016，34（1）.

［11］Yann Lecun，Yoshua Bengio，Geoffrey Hinton. Deep learning［J］. Nature，2015（5）.

面向空中远程精确打击的太空信息应用研究

孙盛智　侯　妍

　　太空信息是遂行空中远程精确打击作战的必要条件。通过空中远程精确打击的具体作战行动，详细分析了作战过程和指挥流程。采用太空信息共享服务模式，从空中远程精确打击的作战过程和指挥流程两个方面出发，提出了太空信息对空中远程精确打击的具体应用。

引 言

空中远程精确打击是空中远程攻击武器作战效能的拓展和延伸，是机械化向信息化发展的必然趋势，其主要有两方面的优势[1,2]：第一，作战效费比高，远程精确打击的目的是以最小的代价换取最大的作战效果，打击效率更高，损失率更低；第二，战略威慑力强，由于空中远程精确打击重点打击敌方作战体系中最重要的目标，以便迅速瘫痪敌方的作战体系，收到直接震慑敌方作战意识的效果。

1 空中远程精确打击概述

在传统意义上，空中远程精确打击指空中远程攻击武器与信息技术的结合，目的是提高打击精度，增强毁伤能力，降低作战成本[3]。主要包含两方面的要求：一是远程，二是精确。远程指战场上敌我双方距离较远，力量作用的距离也较远；精确指作战目标的选择、作战力量的使用、火力打击的位置和打击目标的力度精确[4]。

1.1 空中远程精确打击作战机理

自 1991 年冷战结束以后，远程精确打击成为主导作战方式[5]。由陆基网络系统、海基网络系统和空基网络系统组成的稳定战场网络，在战场态势的实时侦察、战场信息的实时传输、指挥控制的实时协调、火力打击的精确制导都难以满足信息化作战的需要时，而由太空信息系统、海基网络系统、空基网络系统和陆基网络系统相互链接而成的实时战场网络，为构建指挥效率高、协同能力强、要素齐全、无缝链接的作战体系提供支持，满足实时侦察监视、信息实时传输和连续精确打击的作战需求。实时战场网络的核心是通过栅格化的信息基础设施将地域分散的作战武器、传感器、作战力量、保障力量等作战要素，通过网络化组织方式进行优化配置，形成信息快速流转、功能快速衔接、方案快速决策、系统紧密铰链的一体化体系作战能力。

区分空中远程精确打击与空中近程精确打击更好的方式，是聚焦是否需要实时战场网络[6]，而不是把距离目标的远近当作评判标准。对于固定目标，如基地或港口，无论距离多远，只要有足够航程的远程空中打击平台和稳定战场网络，就可以对其实施防区内精确打击，此类打击可以归类为空中近程精确打击。对于防区内突然出现的、短暂的、移动的或其他时敏目标，依靠实时战场网络，近实时发现、跟踪、识别目标，并引导精确制导武器对其实施精确打击，则将此类打击定义为空中远程精确打击[7]。本文界定空中远程精确打击主要是在防区内对时敏目标的精确打击。实践已经证明，建立并维持高效的实时战场网络，实时发现、识别、跟踪敌方时敏目标，采用复合制导方式，引导精确制导武器对时敏目标进行快速、精确打击。要实现空中远程精确打击的作战意图，实时战场网络提供的通信，定位、导航和授时，战场环境监测，太空侦察监视和预警是关键，建立高度依赖太空信息的实时战场网络是实施空中远程精确打击的前提。

综上所述，空中远程精确打击作战模拟如图 1 所示。

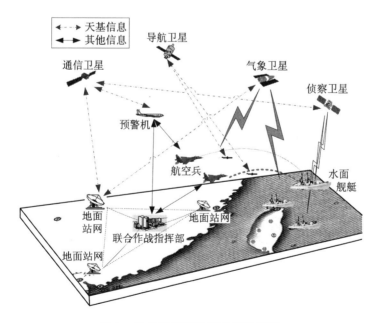

图 1　空中远程精确打击作战模拟

1.2 空中远程精确打击作战过程

作战过程指在作战行动中执行的主要指挥和控制活动：作战规划、作战准备、作战实施和作战效果评估。这些活动在作战行动中连续执行，如果需要，则可以交叠和重复执行[8]。空中远程精确打击作战过程主要分为作战准备阶段、目标快速识别、导弹发射突防、精确击中目标、作战效果评估。

1）作战准备阶段

指挥员及其作战指挥机构及时组织情报侦察，利用所有手段，广泛搜集情报信息，如敌方水面舰艇的部署情况、敌方指挥控制系统的活动情况、战场环境信息等，以利于定下空中远程精确打击的作战决心。综合考虑空中远程精确打击的作战任务、敌方水面舰艇的价值、敌防空反导情况和己方空中作战力量的远程打击能力等因素，为达到最佳打击效果，加强敌我双方作战态势的分析，准确选择出对空中远程精确打击作战进程有重大影响、易于达成预期效果的水面舰艇做准备。

2）目标快速识别

随着空中远程精确打击作战节奏明显加快，战场态势的变化也越来越迅速，水面舰艇的机动性和杀伤力也越来越高，利用太空侦察监视系统准确快速识别出敌方水面舰艇目标，是保证作战指挥机构快速作出反应的基础。通过太空侦察监视识别出敌方所有水面舰艇目标，并根据其作战能力确定精确打击的目标清单，集中有限的空中作战力量，有重点、有针对性地选择对空中远程精确打击作战有重要影响的水面舰艇目标进行攻击，以达到最佳的空中远程精确打击效果。

3）导弹发射突防

利用太空导航定位为空中武器平台提供快速定位、定向信息，提高空中作战力量的机动性和快速反应能力。根据敌方水面舰艇的航速、航向、位置的变化情况，利用太空导航定位系统监测导弹的飞行状态，实时修正导弹的飞行误差，克服导弹在水域上空飞行时，地形匹配系统不能正常工作的缺点，为实现巡航导弹精确打击敌方水面舰艇创造有利条件。根据敌方防空力量部署，以及防空导弹发射情况，及时调整己方导弹的飞行速度、航向及姿态，提升导弹突防能力。

4）精确击中目标

判断导弹是否击中敌方水面舰艇，如果没有击中目标，则作战指挥机构及时下达作战命令到武器平台，再次对敌方水面舰艇实施远程精确打击，如果导弹顺利击中敌方水面舰艇，并对敌水面舰艇编队造成一定打击，则根据作战效果评估情况，及时调整远程精确打击的目标。由于导弹发射情况，瞬时暴露己方作战力量的部署，因此，作战指挥机构及时将己方空中作战力量所处的战场位置作出调整，快速改变空中作战力量的部署，使其及时转换到防守位置，以免遭受敌方水面舰艇编队防空导弹的袭击。

5）作战效果评估

利用太空侦察监视系统实时获取敌方水面舰艇的毁伤情况，以确定敌方水面舰艇编队的战斗力，选择继续实施空中远程精确打击的目标。敌方水面舰艇的毁伤评估为己方是否实施后续打击提供信息保障，如果敌方水面舰艇完全或接近完全丧失战斗力，则根据水面舰艇目标的重要性，及时调整空中远程精确打击的水面舰艇目标，以便最大限度削弱敌方水面舰艇编队战斗力；如果敌方水面舰艇尚未丧失战斗力，则将对此水面舰艇继续实施后续打击，直至完全或接近完全丧失战斗力。

1.3 空中远程精确打击指挥流程

指挥流程，也被称为作战指挥流程，是指挥员及指挥机关为圆满完成作战任务，以快速高效获取、传输、处理和利用指挥信息为核心所进行指挥活动诸事项及其实施的顺序与步骤[9]。空中远程精确打击指挥流程主要分为组织情报侦察、组织决策计划、部署作战行动、组织协同作战、组织结束作战[10]。

1）组织情报侦察

及时掌握战场态势是实施空中远程精确打击作战的前提条件，也是取得战场主动权的重要保障[11]。主要包括敌我双方信息、战场环境信息和作战反馈信息，敌我双方信息主要监视敌方水面舰艇编队位置、机动方向与速度，以及敌方水面舰艇编队防空部署情况；战场环境信息主要监视作战区域水文气象、电磁环境等，减小其对空中远程精确打击作战的不利影响；作战反馈信息主要对敌方水面舰艇编队毁伤情况迅速反馈给作战指挥机关，及时掌握战场态势的变化。

2）组织决策计划

科学决策计划是完成空中远程精确打击作战任务而制定的作战行动计划，是作战指挥机关实施空中远程精确打击的依据[12]。主要包括定下作战决心和制定作战计划，以分析判断战场情报为前提，在全面领会上级作战意图、详细了解作战需求和掌握己方作战能力等综合因素的基础上，提出可行性决策方案，定下空中远程精确打击作战决心；对敌方作战企图、水面舰艇编队部署、双方作战力量对比及作战区域的自然环境对敌我双方作战行动的影响进行分析，并根据上级作战决心和本级作战任务，详细制定作战计划，设置作战指挥机构、划分作战阶段、确定打击时机等。

3）部署作战行动

部署作战行动是对作战力量部署进行调整，是实施作战行动的准备阶段，可以对空中远程精确打击作战进程和结局产生重大影响。根据作战计划，确定实施空中远程精确打击的空中作战力量，制定部署方案，并对其他辅助作战力量进行选用和迅速调动，形成有利作战态势。在非常情况下，指挥员及其指挥机关根据战场态势的变化，及时对己方空中作战力量的部署进行调整，将其快速机动到指定位置，弥补重要局部地区作战力量的不足，使己方在局部区域形成对敌优势，加强对该区域的控制能力，为己方作战行动进一步创造有利条件。

4）组织协同作战

组织协同作战是遂行空中远程精确打击作战任务的作战力量，为达到作战目的，按作战任务、作战空间和作战时间实施协调一致的行动。在作战决策和计划的基础上，通过对战场态势，尤其是对作战力量作战行动的监视、检查、督促和指导，同时依据战场态势，预测可能的发展变化，适时修正空中远程精确打击作战决心和计划，调整作战力量的作战任务，确定新的作战目标，制定新的作战计划，以确保作战力量实现作战目的，使作战力量协调一致完成空中远程精确打击作战任务。作战指挥员及其指挥机关对作战力量和作战行动的具体协调控制是实现空中远程精确打击的重要步骤。

5）组织结束作战

组织结束作战是作战指挥员及其指挥机关在综合考虑各种战场情况、分析作战态势后，确定已经达到预期作战目的，完成此次作战任务或者需要转换作战任务时，果断停止作战命令和行动。组织结束作战是一次作战力量指挥过程的最后一步，也是作战指挥过程中的重要内容，组织结束作战的时机准确与否直接影响作战效果，若没有达到预期作战目的，提前下达组织结束作战命令，将难以完成作战任务，无法达到预期效果，从而影响整个空中远程精确打击的作战进程。

2 太空信息共享服务模式

太空信息系统通过地面设施与地面网相联结，形成天地一体链路，从而支持作战指挥控制、情报侦察、火力打击、信息对抗、机动防护和综合保障等各种应用服务[13]。随着战争形态由机械化向信息化的快速转变，太空信息支援已经从最初的战略决策支持转向战役战术信息支援，从初始相对单一的情报侦察拓展到战场诸元的全维信息保障，其整体效能的发挥已经成为取得作战主动权的关键。

在空中远程精确打击行动中，侦察监视卫星、海洋监视卫星获取敌方作战目标信息，导弹预警卫星获取的敌方导弹预警信息，对作战目标信息和导弹预警信息进行侦察预警处理，海洋环境卫星、气象卫星获取战场环境信息，对战场环境信息进行战场环境探测处理，将处理后的战场态势信息通过集中支援和分散支援相结合的方式分发给战略作战指挥机构、战役指挥机构和战术指挥机构，为各级作战指挥机构空中远程精确打击行动提供太空信息支持；同时将战场态势信息存储在太空信息共享服务网络中，各级作战指挥机构根据空中远程精确打击作战需求，从太空信息共享服务网络中实时提取所需的战场态势信息，以服务空中远程精确打击作战行动；战略指挥机构、战役指挥机构和战术指挥机构各自获取的太空情报信息并结合陆基、海基、空基情报信息，加工融合处理，获取各级指挥机构所需的战场态势信息，并将战场态势信息通过卫星通信及时传输到太空信息共享服务网络中，以便其他作战指挥机构、武器平台、作战单元可以实时共享战场态势信息；战略指挥机构、战役指挥机构、战术指挥机构可以依次推送各自的战场态势信息到下级指挥机构及作战单元，实现太空信息支援。通信卫星为战场态势信息的传输提供通信中继服务，并且战略指挥机构、战役指挥机构和战术指挥机构之间的指挥控制信息的传输也需要通信卫星的支持才得以实现。导航定位卫星为各级作战力量提供导航定位和精确授时服务。太空信息共享服务模式如图2所示。

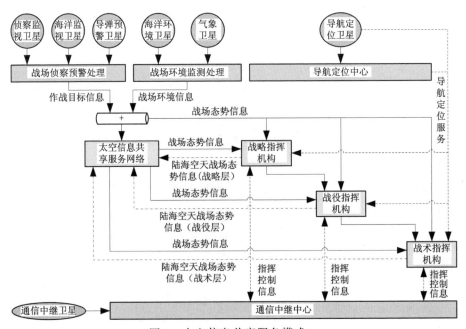

图2　太空信息共享服务模式

3 太空信息在空中远程精确打击作战中的应用

太空信息在空中远程精确打击作战中的应用是一个复杂的、系统的过程，单一太空信息无法满足空中远程精确打击的作战需求，因此，应从综合运用的角度研究太空信息的应用。在空中远程精确打击作战行动中，太空信息应用贯穿作战的全过程，针对太空信息在空中远程精确打击作战过程和指挥流程中的应用，采用太空信息共享服务模式，加快太空信息支援空中远程精确打击作战的相关研究。

3.1 面向空中远程精确打击作战过程的太空信息应用

对于空中远程精确打击作战行动，综合运用各类太空信息资源，以信息"准确、全面、高效运用"为原则，研究构建面向空中远程精确打击作战过程的太空信息应用，如图3所示。

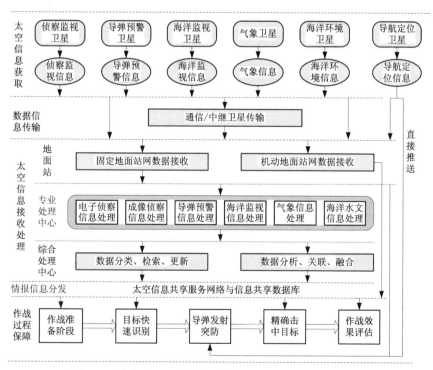

图 3 面向空中远程精确打击作战过程的太空信息应用

1）太空信息获取

太空信息获取为空中远程精确打击作战力量完成作战行动提供信息保障[14]。

（1）以海洋气象环境为基础。在最短时间内为空中远程精确打击作战力量提供可用的战场通用环境态势图，以实时广播的方式为空中作战力量提供作战区域地图和海洋气象环境数据图。

（2）以侦察监视与导弹预警为前提。卫星侦察监视系统实时感知战场态势，以准确判断敌方水面舰艇编队作战企图；卫星预警系统实时感知敌情，尤其是敌方来袭导弹的动态，为己方战场反导力量提供足够预警时间，以协同空中远程精确打击作战。

（3）以导航定位与精确制导为关键。在空中远程精确打击作战行动中，卫星导航系统为空中武器平台的快速定位定向提供信息，精确地测出己方精确制导武器的位置和飞行速度，并利用这些信息修正己方制导系统的误差，提高命中精度。

（4）以毁伤效果评估为补充。毁伤效果评估是实现空中远程精确打击作战的有效补充，太空侦察监视系统是获取打击效果图的关键，在较短时间内为作战指挥机构提供可靠的打击效果信息。

2）数据信息传输

直接或利用通信、中继卫星将各类卫星所获取的原始数据信息传输到地面接收站。

3）太空信息接收处理

将获取的模糊的数据信息，经过处理、加工、融合，得到可用的情报信息。

（1）地面站。

地面站分为太空信息支援力量所属固定地面站网和机动地面站。太空信息支援力量所属固定地面站网由太空信息支援部队统筹规划以集中支援的模式对空中作战力量实施保障，对接收的数据信息完成验证和预处理，将处理后的信息传输到专业处理中心；机动地面站重点以分散支援模式对空中作战力量实施保障，直接完成信息的接收、处理，提供给作战用户使用。

（2）专业处理中心。

各专业处理中心分别对获取的数据信息进行筛选，并将筛选后的数据信息传输到综合处理中心。

（3）综合处理中心。

数据信息在综合处理中心进行集成处理，通过数据分类、检索、更新和数据分析、关联、融合，形成作战目标的综合情报信息，然后存储在太空信息共享数据库中。

4）情报信息分发

空中各级作战用户可根据自己的权限通过太空信息共享服务网络，从信息共享数据库获取所需要的数据、信息或情报产品。

5）作战过程保障

空中远程精确打击作战用户提取到所需要的情报，将其应用于空中远程精确打击的各个环节，为作战准备阶段、目标快速识别、导弹发射突防、精确击中目标和作战效果评估等各阶段提供太空信息支援。

3.2 面向空中远程精确打击指挥流程的太空信息应用

太空信息在空中远程精确打击作战中，贯穿于作战指挥的全过程，结合空中远程精确打击的指挥流程，可以反映太空信息在不同指挥节点的具体应用[15]。研究构建面向空中远程精确打击指挥流程的太空信息应用，如图 4 所示。

1）提出太空信息支援需求

作战指挥机构根据空中远程精确打击任务要求，对太空信息支援部门提出太空信息支援需求。

2）制定太空信息支援计划

太空信息支援部门根据作战指挥机构提出的太空信息支援需求，制定太空信息支援计划，利用太空侦察监视和太空环境探测系统获取敌方水面舰艇部署情况、战场水文气象情况等，利用太空通信中继服务提供信息传输，利用太空导航定位实施导航定位与精确制导。

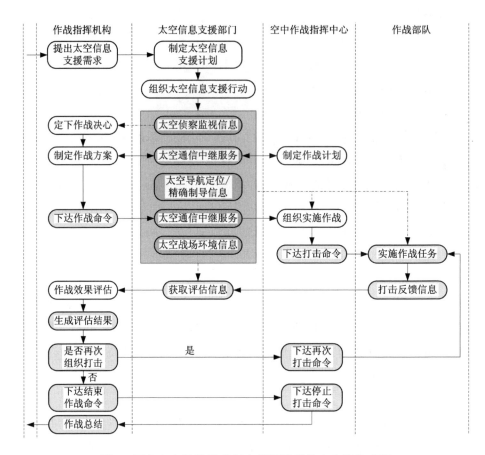

图 4　面向空中远程精确打击指挥流程的太空信息应用

3）组织太空信息支援行动

太空信息支援部门根据制定的太空信息支援计划，组织开展太空信息支援行动。

4）定下作战决心

作战指挥机构将处理后的太空情报产品利用太空通信中继系统发送到空中作战指挥中心，并对战场情况做出分析判断，定下作战决心。

5）制定作战方案

作战指挥机构根据作战决心，结合太空侦察监视和太空环境监测系统获取的相关情报信息，制定空中远程精确打击作战方案。

6）制定作战计划

作战指挥机构根据作战方案，组织空中作战指挥中心制定空中远程精确打击作战计划。

7）组织实施作战

作战指挥机构根据作战计划，利用太空通信中继系统将作战命令下达到空中作战指挥中心；空中作战指挥中心接到上级命令后，将作战命令逐级下达到作战部队；作战部队利用太空侦察监视系统、太空导航定位系统、太空环境监测系统提供的目标指示信息、精确制导信息和环境保障信息，组织实施空中远程精确打击行动。

8）作战效果评估

作战效果评估是对空中远程精确打击作战的实际毁伤效果进行判定。作战指挥机构利用太空侦察监视系统获取打击后的目标信息，生成作战效果评估结果，判断是否再次组织实施打击。如果作战效果没有达到预期，则空中作战指挥中心对作战部队下达再次打击命令，实施作战任务；如果作战效果达到预期，则作战指挥机构下达结束作战命令，空中作战指挥中心根据作战命令，向作战部队下达停止打击命令，完成作战任务。

4 结束语

太空信息支援力量在空中远程精确打击作战行动中发挥了不可替代的作用，充分展示了太空信息优势，为空中远程精确打击作战能力的增强提供了一个新的视角。通过分析空中远程精确打击作战过程和指挥流程，得出太空信息在空中远程精确打击行动中的具体应用，为深入开展太空信息对空中远程精确打击作战体系的贡献度奠定基础，为加快太空信息支援力量建设与运用提供理论支撑。

参考文献

[1] 张华阳，黄凌震，邱继栋. 航空兵远程精确打击任务规划研究 [J]. 信息化研究，2016，42（2）.

［2］张恒泉. 加强空中远程精确打击领航能力建设［J］. 领航，2015（4）.

［3］朱爱平. 从利比亚战争看精确制导武器在不对称战争中的应用［J］. 飞航导弹，2011（4）.

［4］张乐，刘忠，张建强，等. 海上远程精确打击体系作战能力评估指标空间建模方法研究［J］. 军械工程学院学报，2013，25（3）.

［5］江洋溢，谢希权. 空中中远程精确打击能力顶层评估方法［J］. 军事运筹与系统工程，2011，25（1）.

［6］巴里·D. 瓦茨. 精确打击的发展演变［R］. 张立伟，陈雄，译. 北京：空军指挥学院研究报告，2015.

［7］黄国强，李秦，陈芳. 时间敏感目标协同打击任务规划框架［J］. 指挥信息系统与技术，2014（5）.

［8］赵新国，李义. 基于天基信息系统的联合作战体系及其作战能力构成［J］. 国防大学学报，2011（2）.

［9］孙儒凌. 作战指挥基础概论［M］. 北京：国防大学出版社，2011.

［10］姜放然. 作战指挥理论体系的现状与发展［M］. 北京：军事科学出版社，2005.

［11］程晓雪. 对海中远程精确打击体系［J］. 指挥信息系统与技术，2015（6）.

［12］张臻，姜枫，李彭伟. 基于重心分析的联合作战计划制定方法［J］. 指挥信息系统与技术，2016（7）.

［13］张汉锋. 天基信息支援下装备保障建模研究［M］. 北京：国防工业出版社，2014.

［14］罗小明，朱延雷，何榕王. 天基信息支援指挥控制体系运行机制及复杂网络模型［J］. 指挥控制与仿真，2016，38（5）.

［15］总参谋部军训部. 军队指挥基础［M］. 北京：国防工业出版社，2012.

未来海警无人化作战的基本构成要素探析

孙盛智　孟春宁　侯　妍

　　随着各型无人作战平台的发展，快速提升海警无人化作战能力已经成为各海上强国的必然选择。针对国外无人化作战发展现状，研究海警无人化作战基本构成要素，分析态势感知、指挥控制、精准压制和综合保障对海警无人化作战的影响，提出未来海警无人化作战发展趋势，对提升海警作战能力具有重要的理论和现实意义。

引　言

无人化作战是在数字化信息系统的支撑下，使用地面无人车、水面无人艇、空中无人机等无人作战平台实施的作战，具有体系支撑、自主行动的特征。海警作为在海战场遂行海上维权行动的主要作战力量，随着各种空中无人机和海上无人艇的发展，大量部署无人化作战力量，快速提升海警无人化作战能力已经成为各海上强国的必然选择。从完全自主控制的角度出发，分析未来海警无人化作战系统构成要素，主要包括多维一体、全域覆盖的态势感知，快速分析、自主决策的指挥控制，协同一致、自主打击的精准压制，除此之外，还有维持海警无人化作战系统正常运行的综合保障。

1　无人化作战发展现状

随着无人技术和人工智能技术的发展，有人作战装备也正在实现部分无人化，其作战平台的主要系统可能由人工操控，而大部分系统则无须人员直接操控就可直接完成任务[1]。无人化作战拓展了新的作战领域，无人作战平台没有工作周期，不会感到疲劳厌烦，能够持续不间断地遂行各种作战任务。如美国的"全球鹰"无人侦察机可以持续飞行42小时，正在研发的海底无人潜航器能够在深海潜伏数年之久[2]，其"全球鹰"无人侦察机和海底无人潜航器如图1和图2所示；发展了新的作战样式，随着人工智能技术的发展，使无人化作战平台具有更高智慧，成为能够自主思考、分析判断、自动发现、识别和打击目标的智能武器平台。2015年，美国空军研究实验室与IBM公司共同研发的低功耗神经形态芯片"TrueNorth"，具有并行、分布式、模块化、可扩展、容忍失误、灵活等特点，集运算、通信、存储功能于一体，可用于深度学习与类脑计算，实现了智能层次的超级脑[2]；呈现出新的交战方式，当无人化作战逐渐成为战场主导时，无论是优势一方为保持主动，还是劣势一方为改变被动局面，都会千方百计来实施反无人作战。2011年伊朗"小试牛刀"就轻松俘获美国RQ-170隐身无人机，而今年 1 月以来俄军在叙利亚战场上应对无人机攻击更是描绘了无人化作战与反无人化作战的基本场景[2]。RQ-170 隐身无人机如图 3 所示。

图 1　"全球鹰"无人侦察机

图 2　海底无人潜航器

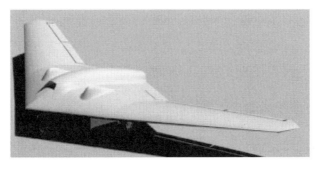

图 3　RQ-170 隐身无人机

2 海警无人化作战基本构成要素

未来海警一体化作战，比拼的是体系作战能力。海警体系作战能力以指挥信息系统为纽带和支撑，使各种作战要素、作战单元、作战系统相互融合，将态势感知、指挥控制、精准压制和综合保障集成为一体，形成具有倍增效应的整体作战能力[3]。

2.1 态势感知是未来海警无人化作战的前提条件

自主感知战场态势的变化是未来海警无人化作战赖以实施的前提和基础。随着物联网、大数据、云计算、智能化等高技术的发展，充分运用陆海空天各种侦察监视手段，保障多维一体、全域覆盖的感知战场态势，建立战场"从传感器到射手"的自动化、数字化、智能化感知渠道，从而实现敌方兵力部署、武器配置、航向航速的侦察监视及水文气象环境的高效监测。建立战役战术侦察监视网，采用空中无人机、水面无人艇等无人作战平台，向敌方重点区域、重点方向布置声、光、电磁等微型综合传感器，近距离侦察监视敌方动态目标的战场态势，与侦察监视卫星、远程预警雷达等各类传感器进行有机融合，形成全方位、全频谱、全时域的全维侦察监视体系，从而准确地提供敌方动态目标的实时定位，有效弥补卫星、雷达等远程侦察监视设备的不足，依靠智能化技术自主实现多维信息的有效融合，及时准确地判断战场动态、威胁评估及作战效能等关键信息，最大程度支撑有效决策。

态势感知在很大程度上决定着战场的主动权和战争的胜利，全维战场态势感知可以有效提高海警无人作战力量快速感知战场变化的能力，准确把握无人作战节奏，减少和避免无人作战平台对己方力量的误伤，显著提升无人作战效能，最大程度上消除"战争迷雾"。海警无人化作战平台在执行海上维权任务时，都需要从后方到前方，从待机地域到任务地域，这就需要无人作战平台在广域范围内进行快速有效的机动，必然牵扯到机动路线的选择、海面障碍的规避及突发事件的处置等问题，因此，无人化作战平台必须具备多种较强的态势感知手段，实现海警无人作战平台能够自主选择机动路线、有效规避障碍物等，目前，空中无人机的态势感知手段主要有光电感知、红外感知、雷达感知等，水面无人艇尚属于预研阶段，其态势感知手段还无法明确。未来海警无人化作战，利用海空无人作战平台建立多维一体、全域覆盖的战场态势感知手段，减少海警无人化作战的模糊性，增强战场态势的整体感知能力，进而有效转化为信息优势，进一步转化为决策优势，最终将直接影响海警无人化作战的进程和结局。

2.2 指挥控制是未来海警无人化作战的神经中枢

未来海上维权行动，作战范围空前扩大、参战力量构成日益多元、作战手段层出不穷、作战节奏日益加快，能否对海警各种作战力量和作战行动进行有效控制，成为夺取作战胜利的重要保障。随着科学技术的进步，未来海警指挥控制系统正朝着无人化方向发展，具有网络化、智能化、小型化和高效化的特征。与现行传统信息系统相比较，未来海警无人化指挥控制系统具有自主决策的功能，并随着人工智能技术的发展，自主决策的深度不断加强，逐渐实现由辅助决策向主体决策转变。无人化指挥控制系统不仅具有传统指挥控制系统信息传输、融合、处理和分发等功能，还具备关键的自我学习和逻辑推理的思维功能，能够模拟和代替指挥员下定决心、制定决策。未来海警无人化指挥控制系统除了可以查阅海量数据库信息，在战场网络具备的条件下，随时入网进行基于网络的"云查询、云计算、云处理"，从而极大地提高未来海警指挥控制系统的决策效能。未来海警无人化指挥控制系统缩短了海警无人化作战指挥控制的反应时间，实现对多类无人作战平台的有效控制，促成多类无人作战平台的有序行动。

随着无人作战平台由遥控方式不断向半自主和自主方式转变，海警指挥控制系统对无人作战平台的控制手段、控制模式和控制程度也在不断发生变化。对于以遥控方式控制的无人作战平台，海警指挥控制系统需要对无人作战平台行动的全过程进行有效控制，根据无人作战平台获取的各类战场信息进行分析、判断，并不断将新的作战指令传递给无人作战平台并对其进行控制。对于以半自主和自主方式控制的无人作战平台，海警指挥控制系统不需要对无人作战平台进行全程控制，而是以监视与控制相结合的方式进行监控，部分非核心的作战决策交由无人作战平台进行自主决策、自主控制、自主处理，如空中无人机目前已经实现自主起飞、路径选择、进入任务区、目标选择、完成攻击、返航和自主降落等行动，海警指挥控制系统只需要对无人机行动全过程进行有效的监视和必要的干预即可。随着未来海警无人化指挥控制系统的完善，对无人作战平台的控制将继续朝着半自主和自主方向深化，而从无人化作战自主控制的角度看，决策权的分配设计将会成为无人化指挥控制系统建设重点关注的问题。

2.3　精准压制是未来海警无人化作战的核心要素

精准压制是海警实施海上维权行动的关键，通过海空一体精准驱离，迫使敌方目标远离敏感区域。精准驱离已经成为海上维权行动的重要作战模式，是利用空中无人机、水面无人艇等无人作战平台前出一定距离对敌方动态目标进行海空一体协同前期压制，若前期压制没有得到预期效果，协同组织有人与无人作战平台，通过空中无人/有人机、水面无人/有人艇对敌方目标进行全面压制。随着大数据、云计算、物联网等新兴信息技术的发展，正深刻影响着无人机、无人艇的作战模式，使传统的被动控制逐渐转变为智能的主动控制，从而大大解放了无人作战平台进行精准驱离所需要的体力成本，使无人机、无人艇等能够根据敌方动态目标作战姿态实时自主调整无人作战平台的驱离姿态，实现长时间、高强度、无间歇的海空一体全维驱离。如果无人作战平台前期压制无效，则协同组织无人/有人作战平台进行全面压制，无人作战平台实时判断己方有人作战系统对敌方形成的作战态势，并基于形成的作战态势进行自适应、自诊断、自决策、重规划，以便以更有利的姿态协同有人作战系统对敌方动态目标进行精准驱离。

精准压制是无人化作战效能发挥的核心，组织协同无人/有人作战平台，对敌方目标实施精准打击。虽然无人作战平台已经发展很长时间，但是并没有形成无人化作战的概念，仅仅片面地认为空中无人机、水面无人艇等无人作战平台是一种武器装备而已，在整个武器装备体系中处于支援保障的作用。随着网络化、智能化要素不断加载到无人化作战平台上，促使整个无人作战模式发生颠覆性改变，无人化作战也从传统的以遥控方式为主逐渐转变为以半自主和自主方式为主的模式，使无人化作战从"发现敌方目标、制定打击计划、遥控实施打击"的传统打击模式逐渐转变为"发现敌方目标、自主判断威胁、自主实施打击"的智能打击模式。无人作战平台的出现是推动未来海警无人化精准打击的催化剂，而要实现对敌方目标的精准打击，必须与有人作战平台进行角色互换，使无人作战平台从出其不意的"奇兵"逐渐演变为主导打击的"核心"。随着人工智能技术的不断进步，促进无人作战平台的智能化程度越来越高，使其逐渐从具有"杀手锏"意义的新质力量转变为可以主导海警无人化精准打击的主体力量。

2.4　综合保障是未来海警无人化作战的根本依托

随着人工智能技术在综合保障领域的广泛应用，促进了综合保障的发展，构建了多级一体、联合实施的综合保障体系，以支持海警无人化作战行动的高效运转，武器装备效能的发挥，是保证体系作战能力生成和持续发挥的物质支撑和重要条件。对于执行态势感知和精准打击的各类无人作战平台，如果从后方区域到待机区域或任务区域，就存在运输或投送综合保障问题，如果作战装备从封存状态转化为作战准备状态存在无人作战平台装配、输入参数等综合保障问题，如果无人作战平台在执行任务过程中出现系统故障或受到攻击受损，且自身无法排除的情况，则需要无人作战平台救援、后送、维修等综合保障问题，如果无人作战平台的自控程度还不足以对战场变化有效感知，就存在战场情况传回控制中心的综合保障问题等，这些都是无人化作战面临的综合保障需求，主要是对海警无人化作战态势感知、指挥控制、精准压制的综合保障。这些综合保障主要通过专业保障人员来完成，其智能化程度还不是很高，采用定点保障和机动保障、伴随保障和应急保障相结合的方式，完成无人化作战的综合保障事项。

除了上述对无人化作战平台的直接保障，还需要对海警作战平台提供无人支援综合保障。未来海警作战是有人与无人平台的协同作战，战场范围很大，同时战场局势变化很快，各种充满变数的因素增多，要求无人保障平台具有灵敏的反应能力，以最快的速度，在最短的时间内实现对海警作战平台的精准伴随保障。以实时精准保障需求为牵引，生成综合保障态势图，在海警作战平台与无人保障平台之间建立可视化联系，以图文图像的形式实时实况显示综合保障需求和保障能力，在最短时间内，对需要保障的海警作战平台实施实时、精确、可视化的保障。对随机发现敌方目标、战场出现新情况、战场态势发生突变，瞬间作出反应，通过一体化网络，将相关情报信息快速传递给无人保障平台，引发其迅速发挥功能、作出瞬间反应式的精确保障。实时感知、科学分析、精确预计海警作战的关键方向、关键节点、关键作战单元的无人支援综合保障需求，破除看不清目标的"保障资源迷雾"和若隐若现的"保障需求迷雾"，搭建保障资源和保障需求的沟通桥梁，为海警作战平台提供实时、精确、可视化的无人保障。

3 未来海警无人化作战发展趋势

随着海警无人化作战关键技术的进步，从打赢未来信息化战争出发，作战模式将朝着自主协同方向发展，而自主协同作战需要各类无人作战平台具备高度集成化和智能化，以适应高度信息化海警作战的需要，这也成为未来海警无人化作战的发展趋势[4]。

3.1 集成化发展

未来海警无人化作战正朝着集成化方向发展，将相对独立的各个无人作战系统融合成一个统一的发展路线图，实现多个无人化作战系统的整体规划，避免了不同无人作战平台之间存在的壁垒，强化了多个无人作战平台的自主协同作战。目前各个无人化作战平台多为单一工作，未来海警无人化作战正逐渐从传统的情报、侦察和监视平台向综合作战平台过渡，以实现武器装备的深度融合。海警无人化自主协同作战必须植根于联合作战背景下，以精确打击作战需求为牵引，做好海警无人化作战系统集成化发展的顶层设计。

3.2 智能化发展

目前，大部分无人化作战平台都以遥控和半自主式为主，需要人为操作和控制，无法自主式完成作战任务。未来海警无人化作战将朝着智能化方向发展，无人机自主完成相应的侦察监视任务，智能化分析离目标最近的海警船及海上无人艇，并将数据信息传输到海警船及无人艇，指示海警船或无人艇进行精准驱离；而航行中的无人艇主动广播其位置、速度、航向，并主动接收来自各个方向的数据信息，分析判断其对目标进行攻击是否属于最优。海警无人化作战的智能化发展，大幅降低了操作人员的数量，减少了人员伤亡程度。

4 结束语

无人化作战是未来海警作战的重要组成部分，充分展示了无人化作战的重要性，为提升海警作战能力提供了一个新的视角。通过分析海警无人化作战基本构成要素，提出海警无人化作战发展趋势，为深入研究无人化作战对海警作战体系的贡献奠定基础，为加快海警理论体系建设与运用提供理论支撑。

参考文献

[1] 赵先刚. 智能化不是简单的无人化 [N]. 解放军报，2018-11-20（7）.

[2] 闫振生，张学辉. 直面无人化作战的时代冲击 [N]. 军事国防，2018-09-12
（7）.

[3] 侯妍. 天基信息支援 [M]. 北京：国防工业出版社，2018.

[4] Duan H, Luo Q. Hybrid Particle Swarm Optimization and Genetic Algorithm for Multi-UAV Formation Reconfiguration [J]. Computational Intelligence Magazine，IEEE，2013，8（3）.

攻击型无人机作战过程研究

董文洪　马培蓓　纪　军

　　以攻击型无人机（UCAV）具体作战过程为研究对象，将其作战过程分为突防、侦察搜索和攻击三个阶段。在突防阶段，分析了远程警戒雷达威胁场，并给出地空导弹和高炮的效用指标函数；侦察搜索阶段，阐述目标侦察、情报处理和目标识别的具体流程和总体功能；在攻击阶段，研究了 UCAV 主要攻击流程及攻击的一般过程，具体包括任务装订和航迹规划、UCAV 作战数量和攻击波次、突防战术、攻击目标、攻击效果评估和完成攻击任务并返航。对研究攻击型无人机的作战使用具有一定的参考价值。

1 引 言

攻击型无人机（Unmanned Combat Aerial Vehicle，UCAV）是快速形成对敌威胁、打赢未来信息化条件下非对称战争的捷径。UCAV 可携带小型或大威力的精确制导武器（通常携带主动或半主动寻的导弹、反辐射导弹、红外制导导弹、制导炸弹等），在机体自身装有战斗部，主要用于攻击、拦截地面目标[1,2]。当 UCAV 发现并锁定目标时，由地面人员发出攻击指令，机载导弹或制导炸弹脱离发射装置飞向目标并将其摧毁，或由 UCAV 直接撞向目标，对敌雷达、通信指挥设备及部分可移动军事目标实施攻击。UCAV 是集探测、识别、决断和作战功能于一体的无人机系统，UCAV 的出现使无人机的发展发生了质的变化，即从辅助、支援性军用装备跃变为主战性装备，它的使用将使空中作战真正成为信息和武器融合的对抗，必将成为未来的主力战斗机[3]。

以美军 UCAV 为例，它在历次战争中主要用来执行五项任务，即非实时性侦察、实时性电子战、充当诱饵、担当电子情报中继站和执行攻击任务。当前和今后一段时间，UCAV 的主要作战任务还是以对地面和海上目标攻击为主，在野战防空条件下对敌地面目标的打击将是 UCAV 的主要作战样式。目前对无人机的开发研制项目披露的不少，但比较成熟并且能够投入实战的作战理论还不多见。尤其需要重点对 UCAV 的战术特点和具体作战过程予以研究，主要对 UCAV 作战过程的三个阶段，即突防阶段、侦察搜索阶段和攻击阶段进行具体研究[4]。

2 UCAV 的战术特点

UCAV 作为一种高效费比、攻防兼备的全新概念武器，已出现在新世纪的武器装备行列中，并正在引起各国军事界对未来战争思想、作战样式和组织编制的一系列变革性的新探索，并将对未来的作战理念和作战样式产生重大影响[5,6]。

1）远程突击能力强

UCAV 巡航距离远、滞空时间长，可对战场纵深的各种目标进行拉网式搜索，非常适合突防敌防御火力圈并实施主动搜索和主动攻击。当 UCAV 携带末制导或末敏弹药对目标攻击时，相当于对目标进行两次制导或两次末敏，命中概率很大。一旦发现敌方目标立即发起攻击，有效缩短了攻击时间，极大地提高了攻击突然性和远程突防能力。

2）获得侦察情报实时性强

美军在科索沃、阿富汗、伊拉克战争中，在使用 50 多颗卫星的情况下，仍大量使用 UCAV，表明在局部战争中依靠侦察卫星不能完全解决战场实时侦察的问题。由于 UCAV 机动灵活，可在部队行动之前布设，也可在战争期间随时发射，做到实时侦察与监视战场的动态，是实时战场侦察的有效手段。同时由于 UCAV 飞行高度比卫星低得多，侦察设备易于实现高精度。

3）作战样式灵活多样

无人机机型的多元化，为无人机提供了多种作战样式。既可以单机作战，也可实施编队作战或与其他军兵种协同作战。同时，由于 UCAV 数量大、价格低，可多管发射和集群作战，满足了对点目标的精确打击，保证了对面目标实施饱和攻击和火力覆盖。

4）向任务多元化方向发展

未来无人机承担的任务范围将进一步扩大，任务级别将由战术级扩展到战役、战略级。任务性质也由信息支援保障，扩展到攻击性作战，并实现侦察和打击的有机结合。为适应这一发展趋势，未来会继续发展无人预警机、无人战斗机、无人轰炸机、空战无人机、微型无人机等具有特定作战功能的多样化飞机。与之相适应，军用无人机将大量应用于未来战场上，并将产生巨大的战场影响力和战斗力。

3 攻击型无人机总体作战过程

现代化战争的形势由传统的"平台中心战"向"网络中心战"发展，UCAV 以网络节点的形式参与整个作战对抗体系，UCAV 需具备自主决策能力、侦察探测能力、数据分析融合能力和载弹攻击能力。在对敌作战过程中，UCAV 需要接收战场环境和任务信息装订，并接收指挥控制中心或友邻单元的引导指令，对信息融合处理，实现实时作战意图决策和作战行为控制，并利用通信数据链向指挥控制中心和其他 UCAV 成员传输自身状态及探测信息[8]。UCAV 对地或海上目标攻击过程是复杂、连续的，具体作战过程可分为突防、侦察搜索、攻击三个阶段，如图 1 所示。

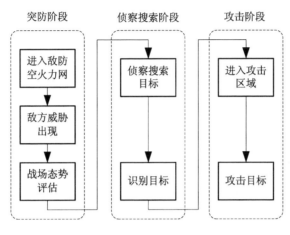

图 1　攻防对抗流程

突防阶段指 UCAV 穿过敌防空火力网并进行态势评估的过程，突防成功与否是 UCAV 空中打击成败的关键。防空火力经历了从火炮到导弹、从固定阵地到机动阵地的转变，突防手段也经历了从高空突防到低空高速突防的进步、从单一的凭借空中武器机动到综合依靠隐身、电子干扰和机动的转变。UCAV 进行态势评估尤为重要，需根据战场敌我双方的态势，推断敌方对我方的威胁程度、我方的弱点及可能采取的最佳行动，从而建立关于 UCAV 作战活动、事件、位置、兵力等综合态势图。在突防阶段，UCAV 必须有能力对作战态势进行觉察和预测。

侦察搜索阶段指 UCAV 对地面目标进行侦察、情报处理并识别目标的过程。在复杂战场环境下，研究利用各种传感器，如合成孔径雷达、激光雷达、多谱或超谱传感器等，提取目标或环境信号，并进行定性、定量的分析。识别目标可理解为图像识别，一旦目标识别并确定了目标的位置，UCAV 实时对目标进行跟踪，并提供目标在成像系统坐标系中俯仰和方位偏移量，为目标参数测量提供必要的目标信息。

攻击阶段指 UCAV 对锁定的目标进行攻击的过程。根据 UCAV 投放攻击性武器距离和攻击目标的远近，可分为高空轰炸、防区外攻击和安全区域攻击三种方式[5]。高空轰炸指 UCAV 突破敌方远、中层防空防御体系，接近攻击目标、投放制导武器的攻击方式，具体包括制导弹药、中近程导弹等。防区外攻击指 UCAV 在对空防御火力外的相对较安全区域投放远程空地导弹，此种打击方式对 UCAV 突防能力要求较低，但对远程空地导弹武器性能要求较高。安全区域攻击指 UCAV 在战场区域外投放武器对地面目标进行打击的方式，要求 UCAV 远离攻击目标 500 km 以上，处于安全区域内。此种攻击方式对 UCAV 航程和突防能力要求都不高，但是它对 UCAV 的挂载能力和空地巡航导弹的射程提出很高的要求。目前此种方式还不太可能应用在无人机上。

3.1　突防阶段

UCAV 在进行任务装订后，选取最优或次优航线飞向敌方目标，航迹规划过程中会遭遇敌方防空火力系统，包括雷达系统、导弹系统、高炮等。对 UCAV 突防有直接影响的是远程警戒雷达、地空导弹和高炮。当 UCAV 进入敌方警戒雷达工作范围后，警戒雷达将这一信息传递给地空导弹或高炮，地空导弹跟踪雷达捕捉到目标后，地空导弹发射，若地空导弹未进行有效拦截，则进一步发射高炮进行拦截。此时，UCAV 机载传感器如果感知到雷达照射导弹攻击，则会将这一信息传递给 UCAV 指控中心，UCAV 会释放红外干扰弹和箔条。具体对雷达、高炮和防空导弹的威胁场进行分析。

3.1.1　敌方警戒雷达威胁场分析

进行早期预警，为己方 UCAV 提供指引信息，并给防空武器系统以足够的反应时间。警戒雷达波长较长，可以探测地形遮蔽区域的目标，作用距离远，但不能提供目标的精确信息。对于警戒雷达，主要针对的是其在不同 RCS 下的最大探测距离，用探测概率来表示威胁程度。若雷达最大探测半径为 $d_{M\max}$，UCAV 距雷达的水平距离为 d，则警

戒雷达探测概率 $P_R(d)$ 可近似表示为：

$$P_R(d) = \begin{cases} 0 & (d > d_{M\max}) \\ d_{M\max}^4/d^4 + d_{M\max}^4 & (d < d_{M\max}) \end{cases} \tag{1}$$

若雷达的位置在 $x = 30$ km，$y = -35$ km 处，最大探测距离为 10 km，雷达探测概率如图 2 所示。

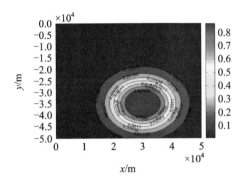

图 2　雷达探测概率

3.1.2　敌方高炮威胁场分析

高炮火力猛、射速高，对低空突防的 UCAV 威胁最大，可以对现在绝大多数 UCAV 构成致命威胁，是非常有效的防空火力系统之一。缺点是威力有限、射程近。高炮杀伤区示意图如图 3（a）所示，为计算方便，可将高炮杀伤区进行简化，如图 3（b）所示。为计算方便，将高炮杀伤区进行简化。

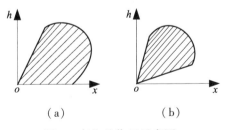

（a）　　　　　　（b）

图 3　高炮杀伤区示意图

a、b、c、d 在不同的效用表达式中分别表示出所对应效用的变化值范围。

（1）高炮威胁场的斜距效用指标函数 f_{GR} 为：

$$\begin{cases} f_{GR} = 0, 0 \leq R \leq a, d < R \\[2mm] f_{GR} = \dfrac{\left[\sin\left(-\dfrac{\pi}{2}\right) + (R - a) \times \dfrac{\pi}{b - a} + 1\right]}{2}, \\[2mm] \qquad\qquad a \leq R \leq b \\[2mm] f_{GR} = 1, b \leq R \leq c \\[2mm] f_{GR} = \dfrac{\left[\cos\left((R - d) \times \dfrac{\pi}{c - d}\right) + 1\right]}{2}, \\[2mm] \qquad\qquad c \leq R \leq d \end{cases} \qquad (2)$$

R 表示高炮与目标间的斜距。

（2）高炮威胁场的绝对高度效用指标函数 f_{Gh} 为：

$$\begin{cases} f_{Gh} = 0, 0 \leq h \leq a, d < h \\[2mm] f_{Gh} = \left[\sin\left(-\dfrac{\pi}{2}\right) + (h - a) \times \dfrac{\pi}{b - a} + 1\right]\Big/2, \\[2mm] \qquad\qquad a \leq h \leq b \\[2mm] f_{Gh} = 1, b \leq h \leq c \\[2mm] f_{Gh} = \left[\cos\left((h - d) \times \dfrac{\pi}{c - d}\right) + 1\right]\Big/2, \\[2mm] \qquad\qquad c \leq h \leq d \end{cases} \qquad (3)$$

（3）高炮威胁场的相对高度效用指标函数 $f_{G\gamma}$ 为：

$$\begin{cases} f_{G\gamma} = 0, 0 \leq \gamma \leq a, d < \gamma \\[2mm] f_{G\gamma} = \left[\sin\left(-\dfrac{\pi}{2}\right) + (\gamma - a) \times \dfrac{\pi}{b - a} + 1\right]\Big/2, \\[2mm] \qquad\qquad a \leq \gamma \leq b \\[2mm] f_{Gh} = 1, b \leq \gamma \leq c \\[2mm] f_{G\gamma} = \left[\cos\left((\gamma - d) \times \dfrac{\pi}{c - d}\right) + 1\right]\Big/2, \\[2mm] \qquad\qquad c \leq \gamma \leq d \end{cases} \qquad (4)$$

γ 表示瞄准线高低角。

（4）高炮威胁场效用指标中的速率效用因素，它采用目标速率值作为参变量，f_{Mv} 表达式为：

$$
\begin{cases}
f_{Mv} = 1, 0 \leqslant v \leqslant a \\
f_{Mv} = \left[\cos\left((v - a) \times \dfrac{\pi}{b - a} \right) + 1 \right] \Big/ 2, \\
\qquad a \leqslant v \leqslant b \\
f_{Mv} = 0, b < v
\end{cases}
\tag{5}
$$

v 代表目标速率值。

（5）高炮威胁集群效用函数 f_n 为：

$$
\begin{cases}
f_n = 0, n < a \\
f_n = \left[\sin\left(-\dfrac{\pi}{2} \right) + \pi \times n/b + 1 \right] \Big/ 2, \\
\qquad a \leqslant n \leqslant b \\
f_n = 1, b < n
\end{cases}
\tag{6}
$$

（6）综合效用计算公式。

综上所述，高炮的效用函数可用下式表示：

$$
F_M(R, h, \gamma, v, n) = f_{GR} \cdot f_{GH} \cdot f_{M\gamma} \cdot f_{Mv} \cdot f_n
\tag{7}
$$

3.1.3 敌方导弹威胁场分析

地空导弹武器系统包括地面作战装备和支援保障装备。可在战场综合光、电对抗环境下，对突破防御体系的中、远程 UCAV 进行拦截，并可对空地导弹、制导炸弹等多种空袭武器实施干扰对抗。地空导弹武器系统的具体作战过程首先是对作战空域进行目标搜索，为武器系统获取目标信息，并进行敌我识别、判别目标类型、评估威胁等级、综合分析空情、进行威胁估算、目标指示、优化分配目标和指挥作战；进一步对目标进行截获、跟踪和照射，同时进行导弹射击诸元及预定参数进行解算；对车上的导弹自动进行加/断电、导弹预装参数装订并适时实施发射。

a、b、c、d 在不同的效用表达式中分别表示所对应的效用的变化值范围。

（1）导弹威胁场的斜距效用指标函数 f_{MR} 为：

$$\begin{cases} f_{MR} = 0, 0 \leqslant R \leqslant a \\ f_{MR} = \left[\sin\left(-\frac{\pi}{2} \right) + (R - a) \times \frac{\pi}{b - a} + 1 \right] \Big/ 2, \\ \qquad\qquad a \leqslant R \leqslant b \\ f_{MR} = 1, b \leqslant R \\ f_{MR} = \left[\cos\left((R - d) \times \frac{\pi}{c - d} \right) + 1 \right] \Big/ 2, \\ \qquad\qquad c \leqslant R \leqslant d \end{cases} \qquad (8)$$

R 为导弹和目标间的斜距。

（2）导弹目标相对高度效用指标函数 f_{Mh} 为：

$$\begin{cases} f_{Mh} = 0, 0 \leqslant h \leqslant a, d < h \\ f_{Mh} = \left[\sin\left(-\frac{\pi}{2} \right) + (h - a) \times \frac{\pi}{b - a} + 1 \right] \Big/ 2, \\ \qquad\qquad a \leqslant h \leqslant b \\ f_{Mh} = 1, b \leqslant h \leqslant c \\ f_{Mh} = \left[\cos\left((h - d) \times \frac{\pi}{c - d} \right) + 1 \right] \Big/ 2, \\ \qquad\qquad c \leqslant h \leqslant d \end{cases} \qquad (9)$$

h 为目标飞行的相对高度。

（3）目标、导弹速率比效用指标函数 $f_{M\mu}$ 为：

$$\begin{cases} f_{M\mu} = 1, 0 \leqslant \mu \leqslant a \\ f_{M\mu} = \left[\cos\left((\mu - a) \times \frac{\pi}{b - a} \right) + 1 \right] \Big/ 2, \\ \qquad\qquad a < v \leqslant b \\ f_{M\mu} = 0, b < \mu \end{cases} \qquad (10)$$

其中，μ 为目标速率与导弹速率之比，即 $\mu = v_T / v_M$，v_T 为目标的速度，v_M 为导弹的速度。一般情况下，目标与导弹速率比越大，击中的概率越小。

（4）目标速度与瞄准线间夹角的效用指标函数 f_{Mq}。

定义最小效用值为 p，p 的大小与导弹迎头攻击能力成正比。

$$\begin{cases} f_{Mq} = 1, q \leqslant a \\ f_{Mq} = p + \dfrac{\left[\cos\left((q-a) \times \dfrac{\pi}{b-a}\right)+1\right](1-p)}{2}, \\ \qquad a < q \leqslant b \\ f_{Mq} = p, b < p < c \end{cases} \qquad (11)$$

q 为目标速度与瞄准线间夹角。

（5）综合效用计算公式。

综上所述，导弹的效用值用下式表示：

$$f = f_{MR} \cdot f_{Mh} \cdot f_{M\mu} \cdot f_{Mq} \qquad (12)$$

3.2　侦察搜索阶段

UCAV 对敌目标进行精确打击的前提是搜索、侦察、情报处理并识别敌目标，具体侦察搜索流程如图 4 所示。

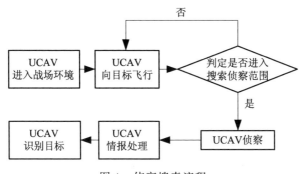

图 4　侦察搜索流程

在这个过程中，UCAV 的雷达能力、自主智能能力都将发挥重要的作用。考虑到战场环境的复杂性，尤其是战场的电磁干扰环境给精确攻击提出的严峻挑战。UCAV 在到达预定区域后，机载探测设备开始工作，对敌方目标进行侦察与情报处理，发现目标后对目标进行识别，如果成功识别目标，则将对目标进行攻击。

3.2.1　UCAV 侦察

UCAV 可进行全天候侦察，使用高分辨率的侦察平台，用于对地面景物进行实时搜索、侦察和自动跟踪。以光电侦察平台为例，地面控制站通过无线电传输设备将控制命令传送给 UCAV，控制光电侦察平台方位或俯仰框带动摄像机转动，变换跟踪方向、跟踪方式或视场搜索范围。同时，侦察平台将视频信号及测量数据传输给地面，以实现实时侦察、跟踪、测量。在此工作过程中，侦察平台能够自主地稳定、隔离飞机的角姿态变化，保证图像的清晰和稳定。

3.2.2　UCAV 情报处理

情报处理系统负责实时接收、显示、存储获得的侦察图像和参数信息，对其进行快速处理，实现侦察目标的识别和定位，以及毁伤测量分析。情报处理系统是由基于计算机等电子设备实现信息处理的软件为主的系统，包括数据库管理软件、信息传输软件、视频处理软件、图像处理软件、情报应用处理软件、态势处理软件、地理信息软件和视频拼接软件等。总体功能要求为：

（1）接收标准视频信号，并实时进行视频图像处理、存储和侦察数据叠加。

（2）从视频信号中实时采集静态图像，并快速进行图像处理，进行解译、注释后形成图像数据库。

（3）图像情报可以多种方式检索，可以多种载体备份。

（4）可输入数字地图，具有地图匹配、态势图匹配编辑功能。

（5）可快速制作、编辑标准实用情报产品。

（6）可利用指挥平台将情报上传给上级或友邻部队。

（7）显示 UCAV 航迹。

（8）具有对实时接收的视频图像进行实时拼接的能力。

3.2.3　UCAV 识别

通常敌方为了提高自身生存概率会设置假目标，因此 UCAV 在执行对地攻击任务时，都会携带目标识别系统。目标识别系统的决定因素是识别库的丰富程度。当需要进行目标真假识别时，识别系统调用识别库中的数据与目标对比，如果能找出与目标信息吻合的，则识别系统能够识别出真目标。可利用旁连模型来表征目标识别系统，转换装置 K 接到不同的数据进行比较，在所有 n 个数据中，只要有一个可以和目标匹配，则发现真目标，逻辑图如图 5 所示。

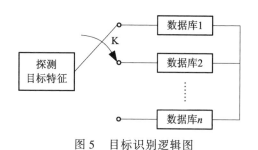

图 5　目标识别逻辑图

3.3　攻击阶段

3.3.1　主要攻击流程

UCAV 执行的主要作战任务是对地、对海攻击，机载武器系统由精确制导武器、火力、飞控系统和悬挂/发射装置组成，可对目标瞄准、攻击，最终命中目标，直接完成作战任务。一般机载制导武器包括激光制导武器、电视制导武器、反辐射制导武器、红外制导武器、GPS/INS 制导武器和多模复合寻的制导武器。根据 UCAV 战场攻击情况，主要攻击流程如图 6 所示。

UCAV 到达机载精确制导武器射界范围，进行武器发射前准备工作，当满足发射条件时，发射精确制导武器对敌方目标进行打击。对敌方目标进行打击，既可以是单独一枚导弹，也可以是多枚导弹协同攻击。

3.3.2　攻击的一般过程

应用 UCAV 对目标进行攻击的一般组织和打击过程为：

（1）任务装订和航迹规划。

根据战役战术任务的需要，选择需要打击的目标，装订作战任务，规划 UCAV 飞行航迹，可采用离线任务规划方法和在线任务规划方法。

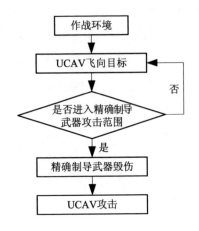

图 6　UCAV 主要攻击流程

在 UCAV 飞行前，指控中心根据战场环境信息和制定的作战计划为 UCAV 规划参考航迹、目标分配，并将飞行任务装载到 UCAV 机载计算机上。由于战场环境的动态不确定性，如临时改变任务、目标突然出现或消失、UCAV 损毁、突发威胁等，这些突发情况使得指控中心为 UCAV 预先分配的目标、预先规划的航迹及预先配置的任务载荷不再最优甚至失效。因此在动态不确定环境下，UCAV 需发挥自主决策优势，在线动态调整 UCAV 任务和航迹，实现 UCAV 动态协同以响应不同突发事件。UCAV 在线任务重规划需要在解的优劣和求解时间方面进行协调处理。

（2）确定投入作战数量和 UCAV 攻击波次。

根据战场环境的复杂程度和作战需要，选择投入作战的 UCAV 航空力量，确定 UCAV 的攻击波次。若多 UCAV 成员协同飞行，则指控中心的引导操纵员根据参考航迹和 UCAV 的状态信息，以一定的更新频率向 UCAV 发送远距引导指令和目标指示信号，使得 UCAV 接近攻击目标。在指控中心的远距引导中，多 UCAV 可进行编队成员数量的调整、队形保持和变换。

（3）确定突防战术。

突防是突破目标周围的防空火力保护网，临近目标进行打击。突防的主要方式有利用高山、峡谷等地形的遮挡突防、高空突防和低空突防三种方式。对地攻击是整个任务的核心，是对攻击目标的直接打击。针对敌方防御体系，考虑具有攻击时间和攻击角度约束的 UCAV 协同控制方法，不断优化、修正突防方向，实施干扰压制。根据战前指定的攻击策略，利用 UCAV 挂载的武器装备摧毁目标。对地攻击的方式有高空轰炸、远程攻击和防区攻击几种方式的单独或者混合使用。

（4）攻击目标。

进入攻击区域后，UCAV 需进行搜索目标、识别目标、锁定目标、进入攻击航线、确定攻击排序、火力分配并进行武器火控解算，选用恰当的攻击战术对目标实施打击。由地面控制人员或者机载智能决策系统下达攻击命令，对地面目标进行打击。若采用多 UCAV 协同攻击目标，可大大提高对目标的杀伤效能。

（5）攻击效果评估。

退出攻击航线，对摧毁目标进行判别，确定是否再次攻击。

（6）完成攻击任务并返航。

计算剩余可用燃油、选择最佳着陆点并规划 UCAV 返航的飞行航迹。

4 结束语

本文重点研究了攻击型无人飞机的作战过程，主要研究并分析了以下内容。

（1）分析了 UCAV 战术技术特点，具有远程突击能力强、侦察情报实时性强、作战样式灵活多样和任务发展多元化等特点。将 UCAV 具体作战过程分为突防、侦察搜索、攻击三个阶段。

（2）突防阶段作为 UCAV 穿过敌防空火力网并进行态势评估的过程，重点分析了对 UCAV 突防有直接影响的远程警戒雷达威胁场，分别建立了地空导弹和高炮的效用指标函数。

（3）侦察搜索阶段作为 UCAV 对地面目标进行侦察、情报处理并识别目标的过程，重点阐述 UCAV 对目标侦察、情报处理和目标识别的具体流程和总体功能。

（4）攻击阶段作为 UCAV 对锁定的目标进行攻击的过程，重点研究 UCAV 的主要攻击流程及攻击的一般过程，具体分析任务装订和航迹规划、确定投入作战数量和 UCAV 攻击波次、确定突防战术、攻击目标、攻击效果评估和完成攻击任务并返航。

参考文献

[1] 黄长强，曹林平，等. 无人作战飞机精确打击技术［M］. 北京：国防工业出版社，2011.

[2] 魏瑞轩，李学仁. 无人机系统及作战使用［M］. 北京：国防工业出版社，2009.

[3] 武文军，王建和，操红武. 美军空袭平台与空袭兵器作战运用研究［M］. 北京：蓝天出版社，2012.

[4] 岳源. 对地攻击型无人机对地仿真建模研究［D］. 南昌：南昌航空大学，2015.

[5] 张洋，谭健美，朱家强. 美国空军未来 25 年无人机系统路线图解析［J］. 飞航导弹，2015（01）.

[6] 牛轶峰，肖湘江，柯冠岩. 无人机集群作战概念及关键技术分析［J］. 国防科技，2013，34（5）.

[7] 冷旭，年浩，何静. 沿海要地无人机威胁与防御战法浅析［J］. 海军杂志，2016（2）.

[8] 韩伟. 无人机对地时敏多目标攻击决策技术研究［D］. 南京：南京航空航天大学，2013.

[9] 周绍磊，尹高杨，李韬，等. 无人机协同多任务分配的快速航路预估算法［J］. 战术导弹技术，2016（4）.

[10] 曹文静，徐胜红. 多无人机协同体系结构及其性能分析［J］. 战术导弹技术，2017（3）.

[11] 周绍磊，祁亚辉，张文广，等. 考虑内部避碰的无人机编队控制研究［J］. 战术导弹技术，2016（5）.

[12] 马培蓓，雷明，纪军. 基于一致性的多无人机协同编队设计［J］. 战术导弹技术，2017（3）.

精确打击武器在联合作战中的运用

范承斌　袁　博　张　煜

　　分析了精确打击武器在未来联合作战中的运用特点，即通过远程打击、联合打击和精准打击夺取非接触作战优势、联合制胜优势和破击体系优势，同时提出了精确"斩首"、精确"破击"，精确"强击"和精确"截击"的运用方式。最后指出针对未来联合作战需要，需着力提升精确打击武器的作战能力，主要从提升高效情报检索能力、精准锁定目标能力、精确导引控制能力和整体协同打击能力等方面着手，研究对于未来精确打击武器发展有一定的参考作用。

1 引 言

精确打击武器自问世以来，便在战争中崭露头角，逐渐占据战场上的主导地位。随着侦察技术、制导技术、数据链技术的快速发展，精确打击武器必将成为未来非对称作战的"撒手锏"和联合作战的主战装备[1]。未来联合作战必须从理论和实践层面为广泛运用精确打击武器做好准备。

2 精确打击武器在未来联合作战中的运用特点

近期几场局部战争的实践证明，远程、联动、精确已成为信息化联合作战中精确打击武器运用的典型特征[2]。具体表现为作战空间向大跨度的远程立体发展，精确打击行动向并行联动响应发展，作战能量的聚集与释放向精确毁伤发展。这既是联合作战信息火力融合的本质反映，也是精确打击武器运用的根本变化。

2.1 借助远程攻击实现单向打击，夺取非接触作战优势

远程打击武器装备的不断发展，使现代战场的物理空间急剧膨胀，垂直空间上至太空、下至深海，平面空间已扩展至数千甚至数万千米，从而形成单向打击下的非接触作战优势。

（1）立体感知。信息化联合作战能够科学编组各种情报侦察力量，合理构建集太空、空中、地（水）面、地（水）下于一体的多维手段相融合的综合情报侦察体系，实现情报信息多源收集、联网传输、集中处理、按需分发与共享使用。尤其能够及时准确地侦测远程目标、潜在威胁目标和隐身隐蔽目标的各种信息参数，为及时有效布势和快速精确毁瘫提供强有力的情报信息支撑。

（2）远程毁瘫。科学技术的进步，使得战术范围内主战兵器的作用范围上升至数十千米，战役、战略范围内的主战力量打击臂延伸至数百、数千千米，有的甚至达到数万千米。超视距的远程单向打击已成为信息化联合作战的常态；通过远程毁瘫可对敌形成非对称作战和

非接触打击的优势。

（3）迅即打击。速度就是战斗力。信息化条件下的非接触作战，作战空间极其广阔。对进攻方而言，远程精确打击武器能在数十千米甚至数百千米之外对目标实施打击，不仅选择打击力量和组织打击行动更加灵活，而且短时间内即可形成信息火力优势，迅速推动作战进程；对防守方而言，作战时间不确定，遭袭目标难预测，作战强度和范围难界定，极易瞬间陷入一边倒和防不胜防的被动局面。

2.2 依托体系联动实现联合打击，夺取联合制胜优势

各军种精确打击力量在网络信息体系的支撑下，共享战场态势信息，围绕统一的作战意图和作战目标，依照一定的协同规则，并行、同步、有序地展开一系列协调一致的联合打击行动，体现了打击行动协调一致的特点。

（1）信息火力高度融合。在信息时代，信息传递速度明显快于指挥活动、作战活动，弥补了作战行动与战场态势间的"时间差"，促进信息火力的高度融合，从而实现火力、机动力、指挥力在速度和精度上协调一致，解决联合攻击在时间轴上的同时迸发问题，在能量轴上的冲突抵消问题，在思维轴上的统一认知问题，进而达成一图共享态势、一网连接战场、一体联合行动。

（2）依托体系高效聚能。主要指各作战要素，以网络信息体系为支撑，以精确打击平台为主体，以指挥控制系统为核心，以后勤装备保障系统为依托，通过多系统、多单元、多要素的深度融合，构成一体化联动的精确打击体系，使整个作战体系在时空上紧密衔接，在效能上优势互补，在行动上整体联动，充分发挥体系的整体作战优势和综合作战效能。

（3）力量体系协调有序。主要指遍布于多个作战领域的各军种精确打击力量在信息系统的支撑下，围绕统一的作战目标或任务，形成有机的整体，随时可以对复杂多变、动态流动的战场情况做出及时有效的响应，真正形成情报侦察、分析判断、决心处置、打击行动的快

速循环和整体联动。以信息实时共享和行动高度协调，发挥整体作战效能，牢牢把握战场主动权。

2.3 通过精准打击实现精确毁伤，夺取破击体系优势

信息化联合作战，通常需对分布于各个战场的作战能量进行精确聚集，并精准释放于敌作战体系的关键要害目标，造成敌作战体系关键作战功能的瘫痪或永久丧失。通过精确控制能量的聚集与释放实现"毁点瘫体"，已成为未来联合作战火力毁伤的新形式和制胜的新路径[3]。

（1）目标攻击点位精准。精确打击一改过去对目标实施整体杀伤的粗放型打击方式，以更小的粒度和分辨率，锁定目标的关键细部点位、精准"点穴"制敌。如打击一艘敌舰，则将其进一步"拆解"为舰体结构、雷达、通信、动力、武器、载机、功能舱室等目标"点集"，根据其内部关联关系、体系作战能力贡献率和打击效果，确定杀伤权重和优先级，确定攻击组合。

（2）打击手段多能高效。命中精度每提高1倍，摧毁能力就增加约3倍，使用小当量战斗部即可制敌[4]。技术进步使攻击弹药的物理尺度向小型化延伸，微型武器甚至纳米武器不断涌现。与"巧打"相适应，软、硬杀伤战斗部机理更多元、形态更多样，针对性更强。大量小型、微型甚至纳米武器以集群化运用方式凝聚成"察打一体战斗云"，以小吃大、以众欺寡，与传统打击武器相配合，共同完成打击任务。

（3）毁伤效果集约可控。即根据目标性质和杀伤要求，利用精确打击武器的模块化目标匹配功能，按需确立合理的攻击组合、时序与方法，精准释放杀伤能量，达成警告、干扰、压制、失能、功能降级、轻中重等级毁伤直至摧毁的全谱杀伤效果，重要目标可根据实时评估结果实施多轮次打击。

3 精确打击武器在未来联合作战中的运用方式

精确打击武器不但可以作为威慑和遏制敌人的有效手段，实现

"不战而屈人之兵"的最高境界；也可以在联合作战中，运用精确"斩首"、精确"破击"、精确"强击"和精确"截击"等方式，直接摧毁敌方的重要军事、政治及经济目标，瘫痪敌方的作战体系，影响乃至决定战争进程和结局。

3.1 针对政治目标的精确"斩首"

精确"斩首"，指运用精确打击武器对敌方的军政首脑或高级指挥机关进行毁伤，以达"震慑"敌人之目的。通过"斩首"，动摇和瓦解敌方，使之放弃抵抗。

俄军击毙车臣"总统"杜达耶夫就是精确"斩首"的经典战例，如图1所示。1996年4月22日清晨4时，车臣"总统"杜达耶夫在车臣西南部格希丘村村外的田野里使用卫星电话与"自由"广播电台通话。由于通话时间过长，该电话的无线电波信号被俄空军A50预警机捕捉。几分钟之后，由俄空军苏-25飞机在距目标40 km处发射的两枚DAB-1200反辐射导弹，准确命中杜达耶夫正在通话的轿车。杜达耶夫和四名贴身保镖被炸身亡。

图1 俄军击毙车臣"总统"杜达耶夫

3.2 针对战争体系目标的精确"破击"

对战争体系目标的精确"破击"，指以精确火力对敌战争体系的要害部位或重要目标实施精确打击，进而瘫痪敌整体作战功能。一是破击指挥控制系统。信息化条件下作战，网络化指挥信息系统是指挥员实施指挥与控制的依托，若能瘫痪敌指挥控制系统，就等于瘫痪了敌人的大脑中枢，使敌失去基于信息系统的体系作战能力。二是破击交通运输系统。选准敌交通运输系统的链路节点实施打击，就等于切断了交通链路，进而导致交通瘫痪，使敌失去战场机动的基本条件，处于被动挨打的境地。三是破击能源系统。战争中谁能抢占先机打掉对方的能源系统，谁就掌握了战争的主动权。

对战争体系目标精确"破击"的典型战例是 1999 年北约空袭南联盟，如图 2 所示。战争分四个阶段实施：第一阶段重点打击南联盟机场、导弹发射阵地、通信、雷达等防空系统，一举夺取了战争的制空权。第二阶段重点打击南联盟指挥中心等核心目标，瘫痪南联盟指挥体系。第三阶段打击的目标开始转向重要战略基础设施（如桥梁、油库、热电厂等）、军事实力系统（如军营、坦克、火炮）和新闻传媒机构（如电视台、电台等）。第四阶段加大空袭力度，全面对上述目标进行摧毁，最终迫使南联盟接受北约的停战条件。

图 2　北约空袭南联盟示意图

3.3　针对具体坚固目标的精确"强击"

对具体坚固目标的精确强击，指以精确火力对敌防御体系中防护力强的坚固目标实施高强度攻击行动，其目的是摧毁敌人的重要设施和武器系统等，削弱敌人的作战能力，为控制和占领创造有利条件。信息化联合作战，战场建设完备、坚固目标多，人员和武器装备生存能力强。只瘫痪敌"软"目标系统还不能从根本上解除其战斗力，特别是在战役战术范围内，诸如坦克、装甲车、导弹、火炮等坚固目标在离散状态下仍能发挥重要作用，一旦恢复指挥控制，便很快形成较强规模的战斗力。因此，当运用精确打击武器时，必须对这些目标实施强击，以彻底摧毁敌战斗实力。图3为美军打击地面部队示意图。

图 3 美军打击地面部队示意图

伊拉克战争，美军为了减少其地面部队在占领巴格达时免遭损失，在瘫痪伊军指挥控制体系后，便将空袭的重点转向了在巴格达以南的伊拉克共和国卫队，经过 1 周的精确火力打击，摧毁了共和国卫队 770 辆坦克（96%）、450 门重型火炮（90%），极大地削弱了伊军战斗力。联军地面部队在进入巴格达时如入无人之地，一夜之间实现了占领[4]。

3.4 针对时敏目标的精确"截击"

时间敏感目标，指在地面或空中、海上处于机动中的动态目标。如地面运动坦克、空中飞机、海上舰船等。对战场上不同类型、不同距离、不同方位和不同高度上的各种运动目标实施精确火力拦截，能有效歼灭敌人机动的兵力兵器，制止敌人动中突击，削弱敌人作战能力，进而达成作战目的。一是截击空中来袭目标，就是以各种防空、航空精确打击兵器对敌空中运动的各种飞机、导弹实施的精确拦击，以火力制止敌人行动。二是截击地面运动目标，就是以各种精确打击兵器对地面运动中的敌装甲目标及其他运输车辆实施精确火力拦击，以火力制止敌人机动。三是截击水面运动目标，就是以各种精确打击兵器对水面运动的各种舰艇进行火力打击。如俄军的SS-N-22反舰导弹就是打击航母的利器。

4　着眼未来联合作战需求提升精确打击武器作战能力

未来联合作战，地域价值让位于目标价值，强调以目标为中心组织作战。决策指挥方式由注重研究兵力部署向注重研究目标毁伤力量转变，由注重选择主要进攻方向向注重选择主要作战目标转变，由注重研究兵力火力战法向注重研究目标毁伤方法转变，由注重观察战场兵力行动态势向注重评估目标毁伤效果转变。上述变化，对精确打击武器的需求更加迫切，也对精确打击武器提出了更高要求。

4.1　提升高效情报检索能力

准确的情报是打击行动的先导。发现不了目标，就选择不了目标，也就指挥不了作战。需要不断研发新技术，提高目标的发现和判读能力。如通过运用深度学习，对遥感图像进行分析，快速从复杂背景中判读出军事目标，效率可超过人工情报判读的数十倍以上。同时，涡旋电磁波探测、量子雷达、微波光子雷达、紫外探测等新概念、新原理、新体制不断涌现，开辟了预警探测新的技术途径，拓展了侦察情报的信息来源。

4.2　提升精准锁定目标能力

准确发现目标就意味着精确摧毁目标。如通过运用人脸检索和验证等技术，利用生物特征来识别特定目标，再结合战场广域监控技术，可快速锁定并在监控覆盖范围内持续跟踪定位混迹于人群中的特定人物。

4.3　提升精确导引控制能力

制导能力的增强，意味着可以实施更为精确灵巧的打击行动。激光主动成像制导、弹载相控阵雷达、微型导航定位、原子陀螺、太赫兹制导等技术逐步成熟并向工程化迈进，将显著提升导弹的目标识别、制导精度与抗干扰能力，为小型化精确打击弹药提供了广阔应用空间。

4.4　提升整体协同打击能力

未来联合作战，对敌精确打击是由分布在空中、地面、海上及太空等多维"火力单元"组成的火力突击集群实施。各作战力量实现协调一致的精确打击行动，需要精确打击武器具备相应的指挥控制和任务规划接口，能够基于统一的时空基准，接受精确指挥和协调控制，围绕作战目标设计攻击轨迹，预置突发情况处置程序，加载特定任务载荷，具备侦察和评估功能，为攻击集群提供多样化的任务支持。

5　结束语

精确打击武器以其独特的优势已经占据了现代战争舞台的主角地位，带来了革命性的冲击和变化。可以预测，在未来信息化局部战争中，谁的精确打击武器水平高，谁就会拥有更大的制胜把握。我们必须抓住新军事变革发展的关键时期，深刻认识现阶段精确打击武器的优势和不足，在推进联合作战建设中加速提升精确作战能力。

参考文献

［1］杨志江. 高超声速飞行器制导控制技术发展回顾与展望［J］. 战术导弹技术，2017（4）.

［2］秦永刚. 战区联合作战指挥难点问题探析［J］. 国防大学学报，2018（5）.

［3］刘涛，梁春晖，赵旭明. 美军分布式杀伤作战分析［J］. 国防大学学报，2018（9）.

［4］李莉. 现代战争方程式［M］. 北京：人民出版社，2015.

［5］王鹤，文苏丽，王雅琳，等. 美海军近期战略动向及其精打装备发展趋势分析 ［J］. 战术导弹技术，2018（2）.

［6］吴洋，葛悦涛，张冬青. 从 DARPA 研究项目评析精确打击武器及其关键技术发展 ［J］. 战术导弹技术，2017（6）.

［7］高晓冬，王枫，范晋祥. 精确制导系统面临的挑战与对策 ［J］. 战术导弹技术，2017（6）.

［8］党爱国，王坤，王晓兵. 远程精确打击武器技术发展分析及启示 ［J］. 飞航导弹，2018（9）.

［9］孙盛智，侯妍. 面向空中远程精确打击的太空信息应用研究 ［J］. 飞航导弹，2018（5）.

弹道导弹突防面临的电磁威胁及对策

齐长兴　毕义明　李　勇

弹道导弹突防作战时处于攻防双方生成的电磁辐射和自然环境等构成的复杂电磁环境中，尤其是面临着弹道导弹防御系统的侦察监视、预警探测、跟踪识别、拦截毁伤等威胁，作战环境更加复杂。本文着重分析弹道导弹突防时面临的弹道导弹防御系统构成的电磁威胁，并提出了应对复杂电磁环境影响的意见建议，具有一定的借鉴意义。

引　言

复杂电磁环境指在一定的时间和空间内，分布的由各种类型、全频谱、高密度的电磁辐射信号构成的电磁环境，具有在空域上电磁场分布纵横交错，时域上电磁信号突发多变，频域上电磁频谱密集重叠，能量域上功率分布参差不齐的特点[1]。当前，电磁频谱在军事领域的运用越来越广泛，弹道导弹在进行突防作战时，攻防双方的电磁信号及自然环境形成了构成复杂、对抗激烈、变化多样的战场电磁环境，弹道导弹突防时的战场电磁环境更加复杂[2]。随着科技进步和发展，弹道导弹信息化程度越来越高，各种电子元器件和电子系统集成在一枚导弹上，易于受到复杂电磁环境的影响。弹道导弹突防作战时复杂电磁环境的影响贯穿弹道导弹作战的全过程，受到弹道导弹防御系统的侦察监视、预警探测、跟踪识别、拦截毁伤的影响，面临的电磁环境更加复杂，因此研究弹道导弹突防作战中面临的复杂电磁环境影响，提出应对复杂电磁环境的对策建议，提高弹道导弹突防效能，具有重要的意义。

1　弹道导弹突防时面临的电磁威胁分析

弹道导弹突防时，面临的复杂电磁环境主要包括自然电磁环境和人为电磁环境[2][3]。自然电磁环境主要指战场中存在的雷电及静电等；人为电磁环境主要指人为因素产生的电磁环境，如雷达等发射的电磁波、信息化设备产生的电磁辐射等，包括敌我双方电子设备产生的电磁波。弹道导弹突防时主要面临着弹道导弹防御系统对弹道导弹突防造成的威胁，美国弹道导弹防御系统由传感器系统、拦截系统、指挥控制与作战管理系统（C2BMC）等构成（如图1）[4]。弹道导弹突防时与弹道导弹防御系统的攻防对抗过程贯穿全过程，电子对抗是弹道导弹突防时的主要对抗手段，充分认识和掌握弹道导弹防御系统对弹道导弹构成的电磁威胁，对有针对性的研究和改进弹道导弹突防效能具有重要意义。

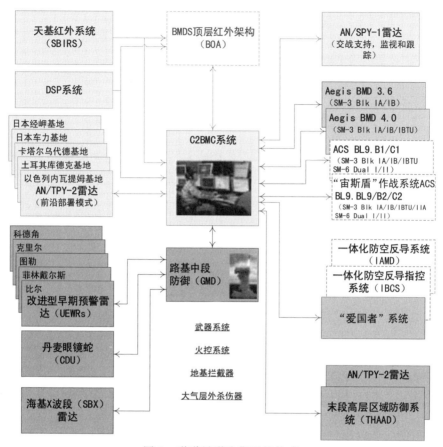

图 1   弹道导弹防御系统构成

弹道导弹突防时面临弹道导弹防御系统的侦察监视、电子干扰、临空打击、导弹拦截毁伤等威胁。按照弹道导弹突防作战的不同阶段，可以划分为导弹发射前、助推段、自由飞行段、再入段等阶段，各个阶段面临的电磁威胁有所不同，每个阶段面临的电磁威胁如下所述。

1.1   弹道导弹发射前面临的电磁威胁

导弹发射前面临的威胁主要是美国全天候的侦察监视和信息情报收集威胁，包括电子侦察威胁、红外成像侦察威胁、可见光侦察威胁等，同时面临着远程精确打击力量的 GPS 末制导和红外末制导威胁，以及电磁干扰装备对导弹阵地的电磁干扰威胁等。其中，弹道导弹发射前面临的电磁压制和干扰手段主要包括敌方电子战飞机升空抵近干扰压制、投掷式近距离干扰机对用导弹用频设备的电磁干扰，以及防区外和渗透性作战平台发射的高功率电磁能武器摧毁或破坏传感器和通信系统的电子元器件等。

1.2 弹道导弹助推段面临的电磁威胁

弹道导弹助推段面临的威胁主要是天基红外传感器及远程预警雷达对弹道导弹的预警探测。天基红外传感器可以在导弹发射后极短的时间内发现导弹，并估算导弹的飞行轨迹和打击目标位置，将预警信息传给 C2BMC 系统。弹道导弹在助推段还面临着激光武器和高能电磁脉冲武器的攻击威胁，弹道导弹的用频设备受到激光照射和高能电磁脉冲攻击时易于受到损伤。

1.3 弹道导弹自由飞行段面临的电磁威胁

弹道导弹自由飞行段主要靠惯性飞行，飞行时间较长，飞行轨迹相对稳定，飞行弹道易于预测，易于受到弹道导弹防御系统的电磁干扰和拦截。弹道导弹在自由飞行段面临的主要威胁是远程预警雷达的探测、跟踪、识别威胁，在未来还将面临天基激光武器和高能微波武器造成的电磁毁伤威胁。

1.4 弹道导弹再入段面临的电磁威胁

再入段主要面临导弹跟踪（制导）雷达的威胁，制导雷达引导拦截弹对再入弹头进行拦截。再入段面临的导弹防御系统的制导雷达主要有 THAAD 系统的 AN/TPY-2 雷达和 PAC-3 系统的 AN/MPQ-65 雷达等。此外，弹头在再入段受到电磁干扰后，可能造成弹头损伤或降低作战效能，如拦截弹的近炸引信可以感应来袭弹头特性，适时引爆拦截弹，对弹头进行毁伤；弹头引控系统受到干扰后，可能会造成弹头提前或滞后引爆；反辐射弹头在受到敌方干扰后容易偏离预定目标，打击精度降低；弹道导弹导引系统受到干扰将不能准确命中目标等。

2 弹道导弹突防时应对电磁威胁的对策建议

针对复杂电磁环境中弹道导弹突防作战面临的电磁威胁，应注重加强弹道导弹电子对抗能力、提高抗电磁毁伤能力。

2.1 做好电磁防护措施，提高弹道导弹发生前阵地电磁防护能力

2.1.1 做好阵地伪装工作

合理部署阵地位置，选择隐蔽条件好、易于隐蔽伪装的地形地貌；设置假阵地、假目标，在远离阵地的位置释放红外烟幕等对敌方侦察监视进行迷惑干扰；在阵地周围进行反雷达、反光电侦查烟幕遮障等，对阵地进行伪装，保证核心阵地的安全；加强人员和车辆管控，对车辆等发热目标进行红外遮蔽伪装等。

2.1.2 提高电磁频谱监测能力，掌握战场电磁环境变化规律

提高电磁频谱管控能力，加强导弹阵地的电磁管控，合理部署用频设备，规划使用时机，减少电磁暴露危险。针对武器装备及各种电子设备的电磁频谱特性，采取有效的技术措施，降低辐射功率、改变辐射方式、控制发信和使用隐蔽频率。

2.2 多措并举，加强弹道导弹系统的电磁防御能力

2.2.1 电子干扰，隐蔽伪装

电子干扰主要包括有源干扰和无源干扰，有源干扰是主动发射或转发电磁波，对敌方装备使用电磁频谱的能力造成干扰或毁伤，无源干扰主要利用电磁波从干扰物表面反射产生二次辐射现象对雷达等进行干扰迷惑。研究和改进弹载干扰设备，使其能够对弹道导弹防御系统雷达进行压制或欺骗性干扰，从而掩护弹头突防，提高弹道导弹突防能力，可采用的主要措施手段如下：（1）在弹道导弹防御系统进行预警探测时，通过释放红外烟幕、红外诱饵等进行红外伪装，干扰红外传感器的侦察预警能力，掩护弹道导弹突防；运用假目标欺骗战术，

通过设置假目标应对光学侦察卫星的侦查。（2）在弹道导弹防御系统进行跟踪识别时，释放诱饵、包络球等对导弹防御系统进行欺骗干扰，造成大量虚假目标，使其不能准确跟踪识别真目标；通过抛洒干扰机或干扰弹，干扰雷达跟踪识别；通过抛洒干扰箔条等，对敌方雷达进行干扰，掩护弹头突防；采用弹头隐身技术，通过改进弹头外形、涂覆吸波材料等措施降低弹头的 RCS。（3）在弹道导弹防御系统发射拦截弹进行拦截时，进行杂波干扰、有源电子干扰、反辐射武器攻击等手段干扰拦截弹信息传输过程，降低识别能力；对拦截弹导引头进行欺骗性干扰，释放诱饵等手段诱骗拦截弹使其不能准确拦截弹道导弹；进行机动变轨，影响拦截弹的制导精度；采用多弹头或重诱饵技术，干扰拦截弹导引头，增加拦截难度；使用弹载电子干扰机，对拦截弹导引头进行电子压制，干扰其寻的能力；采用冷屏技术，解决弹头再入大气层时的高温烧蚀和电离问题，降低弹头的红外特征。

2.2.2 电磁加固，提升装备电子防护能力

采用相应的电磁防护措施，对弹道导弹进行改良和加固，提高弹道导弹抗电磁干扰的能力。如采用滤波器、限幅器等保护弹头里面的电子装置，提高弹载设备的抗电磁干扰能力等；在导弹表面涂覆吸波材料、使用复合材料等对弹头进行整体屏蔽保护，提高弹头抗电磁毁伤能力。

2.3 主动攻击，对敌方弹道导弹防御系统进行压制

2.3.1 采用软杀伤手段，阻断弹道导弹防御系统的信息传输链路

指挥控制与作战管理系统（C2BMC）是弹道导弹防御系统的核心组成部分，破坏其信息传输和情报处理能力可以有效地干扰或阻断其侦察预警、跟踪识别、导航制导信息的传输处理，使其不能进行拦截。采取的措施包括：采用电磁脉冲弹、计算机网络病毒等对弹道导弹防御系统中的信息传输和处理系统的要害部位或关键节点进行攻击，瘫痪信息传输系统；采用卫星通信干扰系统装备，通过发射无线电干扰信号，在关键时刻干扰导弹防御系统的卫星通信链路；采用网络攻击手段，对弹道导弹防御系统的信息传输网络进行

攻击，对其植入干扰病毒等，使其充斥大量假信息，堵塞挤占其通信网络，干扰正常信息传输，使其信息设备工作异常。

2.3.2 采用硬毁伤手段，打击敌导弹防御系统关键节点和薄弱环节进行

研究和发现弹道导弹防御系统的关键节点和薄弱环节，对其进行针对性的打击。如采用远程精确打击武器、察打一体无人机、反辐射导弹攻击弹道导弹防御系统的传感器系统、指挥控制系统等关键节点，对其进行硬毁伤，破坏弹道导弹防御系统的整体性、连通性；攻击天基预警侦察卫星的地面系统，阻断信息中转链路；攻击天基预警侦察卫星平台，使其致盲或摧毁卫星平台；使用大功率雷达对导弹防御系统传感器进行远距离电子攻击，压制或破坏其探测能力等。

3 结束语

弹道导弹在进行突防作战时面临复杂的电磁环境，本文分析了弹道导弹在复杂电磁环境中突防时面临的电磁威胁，并针对这些威胁提出了加强弹道导弹电子对抗能力的措施手段，为提高弹道导弹突防能力提供了意见建议。深入研究弹道导弹面临的复杂电磁环境，以及对抗电磁威胁的措施手段，对于不断提高弹道导弹突防能力具有重要意义。

参考文献

[1] 罗小明，闵华侨，杨迪. 战场复杂电磁环境对导弹作战体系作战能力影响研究 [J]. 装备指挥技术学院学报，2008，19（6）.

[2] 何立萍. 战场电磁环境及其对导弹武器装备的威胁 [J]. 航天电子对抗，2009. 25（1）.

[3] 赵敏，曹泽阳. 复杂电磁环境对地空导弹武器系统作战的影响及对策探析 [J]. 飞航导弹，2010（05）.

[4] Ballistic Missile Defense System（BMDS）[R]. Missile Defense Agency（MDA），DEC 2013.

基于区间数变权法的目标威胁评估

徐　浩　邢清华

　　针对现有威胁评估方法很难体现防空反导作战所具有的来袭目标种类复杂、信息不确定等特点的问题，提出了一种基于区间数变权法的目标威胁评估方法。首先，构造了混合型变权函数以用于区间数型目标威胁评估指标权重的调整；然后，通过求解非线性规划求取了区间数型目标威胁值，并根据区间数比较的可能度方法给出了威胁排序规则；最后，进行了实例计算，结果表明本文方法是合理可行的。

1 引言

威胁评估作为美国 JDL（Joint Directors of Laboratories）信息融合模型的第三层[1]，具有感知来袭目标威胁、计算目标威胁度和进行威胁排序等功能，可以为防空反导火力分配和发射决策等作战环节提供必不可少的条件。鉴于威胁评估的重要性，目前已有许多学者对其展开了研究，并取得了丰硕的成果[2~13]。其中，曹可劲等人[12]针对常权法在威胁评估指标值过大或过小的极端条件下得到的威胁评估结果与直观逻辑相悖的问题提出利用变权法进行威胁评估。然而他们所使用的变权方法在属性威胁值处于正常水平时也需要调整权重，忽视了常权重反应属性重要性的意义。为此，闵绍荣等人[13]构造了具有惩罚阈值和奖励阈值的变权向量进行威胁评估状态变权，妥善地解决了这个问题。变权思想[12][13]可以很好地处理防空反导作战中由于目标特性相差太大而很难建立统一的威胁评估模型的问题。然而，在防空反导作战过程中，目标信息具有很强的不确定性，属性威胁值可能需要使用区间数表示。现有的变权威胁评估方法很难处理含有区间数型威胁评估指标值的问题。为此，本文提出利用区间数变权法进行目标威胁评估，以提高防空反导指挥决策的适应性。

2 威胁评估指标及其量化处理

影响目标威胁评估的因素有多种，根据防空反导作战经验选取目标类型、航路捷径、飞临时间、飞行高度、飞行速度、干扰能力、被袭目标价值等主要影响因素作为威胁指标建立如图 1 所示的威胁评估指标体系。

空中来袭目标的类型主要有轰炸机（Bomber，BO）、歼轰机（Fighter Bomber，FB）、干扰机（Jamming Aircraft，JA）、隐身飞机（Stealth Plane，SP）、武装直升机（Armed Helicopter，AH）、巡航导弹（Cruise Missile，CM）、反辐射导弹（Anti-Radiation Missile，ARM）、制导炸弹（Precision Guided Bomb，PGB）、空地导弹（Air-to-Ground Mis-

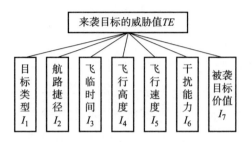

图 1　威胁评估指标体系

sile，AGM）和战术弹道导弹（Tactical Ballistic Missile，TBM）。由于不同类型目标的硬攻击能力和生存能力不同，参考文献 [2] 和 [13] 给出不同类型目标的威胁隶属度，如表 1 所示。

表 1　目标类型的威胁隶属度

类型	威胁隶属度	类型	威胁隶属度
BO	[0.8，0.85]	FB	[0.6，0.7]
JA	[0.1，0.2]	SP	[0.85，0.9]
AH	[0.3，0.35]	CM	[0.5，0.65]
ARM	[0.75，0.85]	PGB	[0.55，0.7]
AGM	[0.65，0.75]	TBM	[0.9，1]

来袭目标航路捷径越小，表明对我保卫目标的攻击意图越明确，因而威胁越大。根据防空反导作战经验[2][13]定义目标航路捷径 p （单位：km）的威胁隶属度为：

$$\mu(p) = \begin{cases} 1, & |p| \leqslant 3 \\ e^{-0.005(p-3)^2}, & |p| > 3 \end{cases} \tag{1}$$

来袭目标飞临时间即防空反导武器系统的剩余可射击时间。飞临时间越短表明拦截来袭目标的需求越紧迫，因而威胁越大。根据防空反导作战经验[2][13]定义飞临时间 t （单位：s）的威胁隶属度为：

$$\mu(t) = e^{-2 \times 10^{-6} t^2} \tag{2}$$

来袭目标的飞行高度越低，防空反导武器系统越难对其进行拦截。根据防空反导作战经验[2][13]定义飞行高度 h （单位：m）的威胁隶属度为：

$$\mu(h) = \begin{cases} 1, & 0 \leqslant h < 100 \\ 0.8 \times e^{-5 \times 10^{-8}(h-100)^2} + 0.2, & h \geqslant 100 \end{cases} \quad (3)$$

来袭目标的飞行速度越快，防空反导武器系统越难对其进行拦截；当飞行速度低于一定值时，防空反导雷达将难以对其实现稳定跟踪。根据防空反导作战经验[2][13]定义飞行速度 v（单位：m/s）的威胁隶属度为：

$$\mu(v) = \begin{cases} 1, & 0 \leqslant v \leqslant 50 \\ e^{-0.03(v-50)} & 50 < v \leqslant 100 \\ 1 - 0.776\,9e^{-4.5 \times 10^{-6}(v-100)^2} & v > 100 \end{cases} \quad (4)$$

来袭目标的干扰能力越强，对我方构成的软杀伤能力就越强，威胁也就越大。在此将来袭目标的干扰能力分为极强、非常强、较强、中强、中等、中弱、较弱、非常弱、极弱 9 个等级，并给出相应的威胁隶属度为 [0.9，1]、[0.8，0.9]、[0.7，0.8]、[0.6，0.7]、[0.4，0.6]、[0.3，0.4]、[0.2，0.3]、[0.1，0.2]、[0，0.1]。

被袭目标的价值越高，来袭目标的威胁就越大。在此将被袭目标的价值分为极高、非常高、较高、中等高、中等、中等低、较低、非常低、极低 9 个等级，并给出相应的威胁隶属度为 [0.9，1]、[0.8，0.9]、[0.7，0.8]、[0.6，0.7]、[0.4，0.6]、[0.3，0.4]、[0.2，0.3]、[0.1，0.2]、[0，0.1]。

3 目标威胁区间数变权综合评估

3.1 指标权重区间数变权调整

在目标威胁评估过程中，如果某个指标威胁值过大或过小，则在直观上都会对评估结果产生重要影响[12][13]。在这种情况下，需要对指标权重进行调整以反应指标重要性的变化。本文根据防空反导作战目标种类纷繁复杂及目标信息具有很强不确定性的特点，采用区间数变权法对威胁评估指标权重进行调整。

设第 $l(l = 1, 2, \cdots, m)$ 个来袭目标的威胁评估指标值组成的向

量为 $\tilde{x}_l = (\tilde{x}_{l1}, \tilde{x}_{l2}\cdots, \tilde{x}_{ln})$，其中 $\tilde{x}_{li} = [x_{li}^L, x_{li}^H]$，$\tilde{x}_{li} \in E_{[0,1]}$（$i = 1, 2, \cdots, n; n = 7$），$E_{[0,1]} = \{\tilde{x} = [x^L, x^H] \mid 0 \leqslant x^L \leqslant x^H \leqslant 1\}$；威胁评估指标常权重向量为 $W_0 = (\omega_1, \omega_2, \cdots, \omega_n)$，其中 $\omega_i \in [\omega_i^L, \omega_i^H]$，$[\omega_i^L, \omega_i^H] \in E_{[0,1]}$，且 $\sum_{i=1}^n \omega_i = 1$。构建变权向量 $S(x_l) = (s(x_{l1}), s(x_{l2}), \cdots, s(x_{ln}))$，其中，

$$s(x_{li}) = \begin{cases} e^{k_1(\hat{x}^L - x_{li})}, & x_{li} \in [0, \hat{x}^L] \\ 1, & x_{li} \in [\hat{x}^L, \hat{x}^U] \\ e^{k_2(x_{li} - \hat{x}^U)}, & x_{li} \in [\hat{x}^U, 1] \end{cases} \tag{5}$$

式（5）中，$x_{li} \in [x_{li}^L, x_{li}^H]$，$\hat{x}^L$ 和 $\hat{x}^U$ 分别是惩罚阈值和奖励阈值，k_1 和 k_2 是变权系数。

则经过调整后的指标权重向量为 $W^v(x_{l1}, x_{l2}, \cdots, x_{ln}) = (\omega_{l1}^v, \omega_{l2}^v, \cdots, \omega_{ln}^v)$，其中，

$$\omega_{li}^v = \frac{\omega_i s(x_{li})}{\sum_{j=1}^n \omega_j s(x_{lj})} \tag{6}$$

式（6）中，$\sum_{i=1}^n \omega_{li}^v = 1$，$\omega_{li}^v \in [\omega_{li}^{vL}, \omega_{li}^{vH}]$，$[\omega_{li}^{vL}, \omega_{li}^{vH}] \in E_{[0,1]}$。

3.2　目标威胁变权综合评估

（1）目标威胁值的求取。

对第 l 个来袭目标的威胁值进行变权综合得到 $\tilde{Z}_l = [Z_l^L, Z_l^H]$，其中 Z_l^L 和 Z_l^H 分别是式（7）和式（8）所示的非线性规划的最优值。

$$\min Z = \sum_{i=1}^n \omega_{li}^v x_{li} = \sum_{i=1}^n \frac{\omega_i s(x_{li}) x_{li}}{\sum_{j=1}^n \omega_j s(x_{lj})}$$

$$st. \quad x_{li} \in [x_{li}^L, x_{li}^H],$$

$$\omega_i \in [\omega_i^L, \omega_i^H], \text{ 且} \sum_{i=1}^n \omega_i = 1 \tag{7}$$

$$\max Z = \sum_{i=1}^n \omega_{li}^v x_{li} = \sum_{i=1}^n \frac{\omega_i s(x_{li}) x_{li}}{\sum_{j=1}^n \omega_j s(x_{lj})}$$

$$st. \quad x_{li} \in \left[x_{li}^L, x_{li}^H \right],$$

$$\omega_i \in \left[\omega_i^L, \omega_i^H \right], \text{且} \sum_{i=1}^{n} \omega_i = 1 \qquad (8)$$

（2）目标威胁排序。

设来袭目标 T_r 和 T_s 的威胁值分别为 $\tilde{Z}_r = \left[Z_r^L, Z_r^H \right]$ 和 $\tilde{Z}_s = \left[Z_s^L, Z_s^H \right]$，由于目标的威胁值为区间数，因此，根据区间数的可能度[2]给出威胁排序规则如下。

如果满足

$$\min \left\{ \max \left(\frac{Z_r^H - Z_s^L}{Z_r^H - Z_r^L + Z_s^H - Z_s^L}, 0 \right), 1 \right\} > 0.5 \qquad (9)$$

则认为目标 T_r 的威胁值比目标 T_s 的威胁值大，记为 $T_r > T_s$；如果 $T_r > T_s$，且 $T_s > T_t$，则 $T_r > T_t$。

4 算例分析

在某次防空反导作战过程中，8 批目标向我保卫目标袭来，各来袭目标的威胁指标信息如表 2 所示。根据作战经验和战场态势给出初始常权向量为 $W_0 = (\omega_1, \omega_2, \cdots, \omega_n)$，其中 $\omega_1 \in [0.1835, 0.2015]$，$\omega_2 \in [0.0980, 0.1235]$，$\omega_3 \in [0.2631, 0.2813]$，$\omega_4 \in [0.0519, 0.0825]$，$\omega_5 \in [0.0750, 0.1015]$，$\omega_6 \in [0.0780, 0.1025]$，$\omega_7 \in [0.2190, 0.2308]$。下面利用区间数变权综合法对目标威胁进行威胁评估和排序。

表 2　来袭目标威胁评估指标信息

目标 指标	目标 T_1	目标 T_2	目标 T_3	目标 T_4	目标 T_5	目标 T_6	目标 T_7	目标 T_8
目标 类型 I_1	BO	JA	FB	SP	AH	CM	ARM	TBM
航路 捷径 I_2	[10, 12]	[15, 17]	[8, 9]	[13, 14]	[-5, -4]	[11, 12]	[1, 2]	[4, 5]

指标 \ 目标	目标 T_1	目标 T_2	目标 T_3	目标 T_4	目标 T_5	目标 T_6	目标 T_7	目标 T_8
飞临时间 I_3	[505, 520]	[480, 490]	[385, 395]	[320, 330]	[400, 420]	[900, 940]	[48, 50]	[145, 150]
飞行高度 I_4	[8.5, 9] $\times10^3$	[7, 7.5] $\times10^3$	[5, 5.5] $\times10^3$	[6, 6.5] $\times10^3$	[200, 220]	[150, 170]	[3, 3.5] $\times10^3$	[50, 55] $\times10^3$
飞行速度 I_5	[290, 295]	[260, 270]	[310, 320]	[380, 400]	[75, 80]	[210, 220]	[590, 610]	[2 000, 2 100]
干扰能力 I_6	较弱	极强	中等	较强	极弱	极弱	极弱	极弱
被袭目标价值 I_7	非常高	较低	中等低	中等低	较高	中等	较高	极高

（1）指标值量化处理。

利用第 2 节给出的威胁隶属度计算方法对表 2 所示的指标信息进行量化处理，得到威胁评估指标值组成的决策矩阵为

$$
D = \begin{array}{c} T_1 \\ T_2 \\ T_3 \\ T_4 \\ T_5 \\ T_6 \\ T_7 \\ T_8 \end{array}
\begin{array}{ccc}
I_1 & I_2 & I_3 \\
[0.800\,0,\ 0.850\,0] & [0.667\,0,\ 0.782\,7] & [0.582\,3,\ 0.600\,5] \\
[0.100\,0,\ 0.200\,0] & [0.375\,3,\ 0.486\,8] & [0.618\,7,\ 0.630\,8] \\
[0.600\,0,\ 0.700\,0] & [0.835\,3,\ 0.882\,5] & [0.731\,9,\ 0.743\,5] \\
[0.850\,0,\ 0.900\,0] & [0.546\,1,\ 0.606\,5] & [0.804\,3,\ 0.814\,8] \\
[0.300\,0,\ 0.350\,0] & [0.980\,2,\ 0.995\,0] & [0.679\,0,\ 0.702\,7] \\
[0.500\,0,\ 0.650\,0] & [0.667\,0,\ 0.726\,1] & [0.170\,8,\ 0.197\,9] \\
[0.750\,0,\ 0.850\,0] & [1.000\,0,\ 1.000\,0] & [0.995\,0,\ 0.995\,4] \\
[0.900\,0,\ 1.000\,0] & [0.980\,2,\ 0.995\,0] & [0.956\,0,\ 0.958\,8]
\end{array}
$$

	I_4	I_5	I_6
	$[0.2000, 0.2000]$	$[0.3396, 0.3453]$	$[0.2000, 0.3000]$
	$[0.2000, 0.2000]$	$[0.3076, 0.3178]$	$[0.9000, 1.0000]$
	$[0.2000, 0.2000]$	$[0.3629, 0.3751]$	$[0.4000, 0.6000]$
	$[0.2000, 0.2000]$	$[0.4541, 0.4818]$	$[0.7000, 0.8000]$
	$[0.9943, 0.9960]$	$[0.4066, 0.4724]$	$[0.0000, 0.1000]$
	$[0.9980, 0.9990]$	$[0.2643, 0.2718]$	$[0.0000, 0.1000]$
	$[0.2025, 0.2119]$	$[1.7363, 0.7590]$	$[0.0000, 0.1000]$
	$[0.2000, 0.2000]$	$[1.0000, 1.0000]$	$[0.0000, 0.1000]$

$$
\begin{array}{l}
I_7 \\
[0.8000, 0.9000] \\
[0.2000, 0.3000] \\
[0.3000, 0.4000] \\
[0.3000, 0.4000] \\
[0.7000, 0.8000] \\
[0.4000, 0.6000] \\
[0.7000, 0.8000] \\
[0.9000, 1.0000]
\end{array}
$$

（2）指标权重调整。

根据防空反导作战经验，给定变权惩罚阈值和奖励阈值分别为 $\hat{x}^L = 0.1$ 和 $\hat{x}^U = 0.9$，变权系数 $k_1 = 10$ 和 $k_2 = 7$，则式（5）所示的变权函数即为

$$
s(x_{li}) = \begin{cases} e^{1-10x_{li}}, & x_{li} \in [0, 0.1] \\ 1, & x_{li} \in [0.1, 0.9], \\ e^{7x_{li}-6.3}, & x_{li} \in [0.9, 1] \end{cases}
$$

再根据式（6）可对威胁评估指标权重进行调整。

（3）目标威胁值求取。

将威胁评估指标值和常权向量各分量的取值范围带入式（7）和式（8）所示的非线性规划，并利用 MATLAB 中的 fmincon 函数求解非线性

规划，得到各目标的威胁值分别为 $\tilde{Z}_1 = [0.598\ 3,\ 0.674\ 7]$，$\tilde{Z}_2 = [0.369\ 9,\ 0.508\ 3]$，$\tilde{Z}_3 = [0.525\ 4,\ 0.6104]$，$\tilde{Z}_4 = [0.592\ 2,\ 0.662\ 7]$，$\tilde{Z}_5 = [0.529\ 7,\ 0.699\ 2]$，$\tilde{Z}_6 = [0.336\ 9,\ 0.524\ 3]$，$\tilde{Z}_7 = [0.698\ 5,\ 0.853\ 0]$，$\tilde{Z}_8 = [0.733\ 8,\ 0.925\ 9]$。

（4）目标威胁排序。

利用式（9）所示的可能度计算公式，比较各目标的威胁值大小并进行排序，得到来袭目标威胁排序为：$T_8 > T_7 > T_1 > T_4 > T_5 > T_3 > T_2 > T_6$。

下面使用常权综合对来袭目标进行威胁评估，具体如下。首先，以式（10）所示的线性规划模型的最优解作为常权重向量，即 $W_N = (\omega_{N1},\ \omega_{N2},\ \cdots,\ \omega_{Nn}) = (0.183\ 5,\ 0.098\ 0,\ 0.264\ 0,\ 0.082\ 5,\ 0.075\ 0,\ 0.078\ 0,\ 0.219\ 0)$。然后，进行常权综合求取各目标的威胁值，分别为 $\tilde{Z}_{N1} = [0.598\ 7,\ 0.654\ 1]$，$\tilde{Z}_{N2} = [0.372\ 0,\ 0.435\ 0]$，$\tilde{Z}_{N3} = [0.525\ 8,\ 0.590\ 3]$，$\tilde{Z}_{N4} = [0.592\ 7,\ 0.642\ 3]$，$\tilde{Z}_{N5} = [0.596\ 2,\ 0.647\ 8]$，$\tilde{Z}_{N6} = [0.392\ 0,\ 0.484\ 7]$，$\tilde{Z}_{N7} = [0.723\ 5,\ 0.774\ 2]$，$\tilde{Z}_{N8} = [0.802\ 2,\ 0.852\ 4]$。最后，利用式（9）所示的可能度计算公式，比较各目标的威胁值大小，得到来袭目标威胁排序为 $T_8 > T_7 > T_1 > T_5 > T_4 > T_3 > T_6 > T_2$。

$$\max Z = \sum_{l=1}^{m} \sum_{i=1}^{n} \omega_i (x_{li}^H - x_{li}^L)$$

$$st. \quad \omega_i \in [\omega_i^L, \omega_i^H],\ \text{且} \sum_{i=1}^{n} \omega_i = 1 \tag{10}$$

采用区间数变权综合和常权综合进行目标威胁评估得到的威胁排序结果基本一致，只是对于目标 T_4 和 T_5 及 T_2 和 T_6 的威胁排序有所不同。对于目标 T_4 和 T_5，由于目标 T_5 的干扰能力极弱，导致其威胁值受到严重削弱，尽管在航路捷径和飞行高度两个较为不重要的指标上占有绝对优势，但在直观上其威胁要弱于目标 T_4。对于目标 T_2 和 T_6，同样由于目标 T_6 的干扰能力极弱，导致其威胁值受到严重削弱，并且其飞临时间要比目标 T_2 的飞临时间长得多，威胁相对不紧迫，因而在直观上其威胁要弱于目标 T_6。因此，基于区间数变权法得到的目标威胁评估结果与直观逻辑更加贴近，更加科学合理。

5　结束语

本文根据防空反导作战过程中来袭目标复杂多样、目标信息不确定等特点，提出了一种基于区间数变权法的目标威胁评估方法。该方法可以对指标值处于极端条件下的威胁评估指标权重进行调整，给出相对合理的威胁评估结果，具有对多种不同类型目标进行威胁评估的适应能力。同时，该方法可以有效处理指标值为区间数的目标威胁评估问题，具有一定的应对信息不确定的能力。总之，本文方法对提高复杂战场环境下的防空反导指挥决策的适应性具有一定的借鉴意义。

参考文献

［1］ STEINBERG A N. Threat Assessment Technology Development ［J］. Lecture Notes in Computer Science, 2005 （1）.

［2］ 冯卉, 邢清华, 宋乃华. 一种基于区间数的空中目标威胁评估技术 ［J］. 系统工程与电子技术, 2006, 28 （8）.

［3］ 彭方明, 邢清华, 王三涛. 基于 Vague 集 TOTPSIS 法的空中目标威胁评估 ［J］. 电光与控制, 2010, 17 （10）.

［4］ 韩朝超, 黄树彩, 王凤朝. 基于区间数熵权分析的空中目标威胁评估方法 ［J］. 战术导弹技术, 2010 （1）.

［5］ 范学渊, 邢清华, 黄沛, 等. 基于 TOPSIS 的战区高层反导威胁评估 ［J］. 现代防御技术, 2012, 40 （4）.

［6］ CHEN J, YU G H, GAO X G. Cooperative Threat Assessment of Multi-aircrafts based on Synthetic Fuzzy Cognitive Map ［J］. Journal of Shanghai Jiaotong University （Science Edition）, 2012, 17 （2）.

［7］ CHEN D F, FENG Y, LIU Y X. Threat Assessment for Air Defense Operations based on Intuitionistic Fuzzy Logic ［J］. Procedia Engineering, 2012 （29）.

［8］ 夏璐, 邢清华, 范海雄. Vague 物元及熵权的空袭目标威胁评估 ［J］. 火力与指挥控制, 2012, 37 （2）.

［9］ 郝英好，张永利，雷川，等. 基于组合赋权-TOPSIS 法的空中目标威胁评估仿真 ［J］. 战术导弹技术，2015（5）.

［10］ 刘海波，王和平，沈立顶. 基于 SAPSO 优化灰色神经网络的空中目标威胁估计 ［J］. 西北工业大学学报，2016，34（1）.

［11］ 徐浩，邢清华，王伟，等. 基于改进结构熵权法的目标威胁灰色综合评估 ［J］. 信息工程大学学报，2016，17（5）.

［12］ 曹可劲，江汉，赵宗贵. 一种基于变权理论的空中目标威胁估计方法 ［J］. 解放军理工大学学报（自然科学版），2006，7（1）.

［13］ 闵绍荣，陈卫伟，朱忍胜，等. 基于变权 TOPSIS 法的舰艇对空防御威胁评估模型 ［J］. 中国舰船研究，2015，10（4）.

基于模糊小波神经网络的空中目标威胁评估

陈　侠　刘子龙

　　针对无人机获取威胁目标信息较少的情况，采用模糊小波神经网络（FWNN）解决空中目标威胁评估问题。同时为了提高模糊小波神经网络的收敛速度和泛化能力，提出了一种基于动态学习率的模糊小波神经网络，解决复杂战场环境信息的不确定性问题，采用BP算法更新每个模糊规则前、后件部分的所有参数，并通过仿真实现对目标威胁进行评估。仿真结果表明，该算法可提高系统的稳定性，加快收敛速度，增强预测精度。

1 引 言

在现代战争中，随着信息化和智能化的飞速发展，以及作战环境的日益复杂，实时而准确地评估目标威胁，不仅为空战决策提供科学的决策依据，而且能够提高杀伤概率，因而研究目标威胁评估问题具有重要的理论和实际意义。目前关于目标威胁评估问题研究已经取得了一些研究成果。主要技术为直觉模糊集[1-2]、贝叶斯推理[3-4]、优劣解距离法[5]、计划识别[6]等。但上述方法必须依靠专家经验获得常权向量，使得在进行目标威胁估计时增加了主观因素，增加了系统的不确定性。这些方法不具备自学习能力，难以满足敌方战术变化及武器性能改变的实时性要求。神经网络具有较强的自学习、自适应能力，近年来以神经网络为代表的智能技术在评估领域取得了广泛发展。文献［7］采用优化 BP（Back-Propagation）神经网络方法解决目标评估问题，取得了较好的结果。但是，BP 神经网络理论存在一些不可避免的缺陷，如过学习、易陷入局部极值及泛化能力差等。

小波神经网络（Wavelet Neural Network，WNN）目前在函数拟合、故障诊断、电机信号检测等多个领域[8-11]已经得到了广泛应用。然而，小波神经网络只能解决输入为确定信息的网络建模问题，不能解决不确定性信息问题。但在实际的战场环境中，由于战场环境具有诸多不确定性，包括随机性和模糊性，例如空中目标类型、目标干扰能力等因素均具有不确定性。模糊神经网络可以有效解决诸如预测、任务分配等问题[12-13]。其优点在于可以解决目标威胁环境中存在的模糊及不确定问题，但模糊神经网络也存在着依赖先验知识、抗干扰性差、推广能力不足等问题。

目前关于模糊小波神经网络研究已经引起了国内外学者和专家的高度重视。模糊小波神经网络能够解决预测、系统辨识[14]等一些控制问题。文献［14］用模糊小波神经网络对一座城市的用电消耗进行了评估。虽然关于模糊小波神经网络研究取得了初步应用研究成果，但许多应用尚处于研究探索阶段。到目前为止，基于模糊小波神经网络的目标威胁评估研究还没有文献报道。

本文针对目标威胁评估问题进行研究，使用模糊神经网络解决复杂战场环境信息的不确定性问题，使用小波神经网络增强自学习能力，建立模糊小波神经网络，同时为了提高模糊小波神经网络的收敛速度和泛化能力，提出一种基于动态学习率的新型模糊小波神经网络，实现对目标威胁的评估。仿真实验表明，该算法提高了系统的稳定性，加快了收敛速度，并提高了在复杂环境下的泛化能力。

2 基于动态学习率的模糊小波神经网络结构

2.1 模糊神经网络原理

由于 BP 网络容易陷入局部极值，而小波神经网络对输入信息为不确定性信息的适应性较差，因此采用将小波网络嵌入模糊神经网络的模糊小波神经网络对目标威胁进行评估。模糊神经网络的具体结构如图 1 所示，网络由四层组成，第一层为输入，网络的输入直接通向第二层隶属度函数层，第三层为模糊规则层，第四层为输出层。假设有 N_r 个模糊 IF-THEN 规则，如下所示：

$$R_j: \text{IF } x_1 \text{ is } A_{1j} \text{AND } x_2 \text{ is } A_{2j} \text{AND} \cdots x_i$$

$$\text{is } A_{ij} \text{ THEN } y_j = \sum_{j=1}^{Nr} w_j \cdot \mu_j$$

其中，x_i 是系统的第 i 个输入变量（$i = 1: N_{in}$），A_{ij} 是以模糊隶属度函数 $\mu_{A_{ij}}(x_i)$（$j = 1: N_r$）为特征的模糊语言集合，w_j 是模糊层与输出层之间的权值，μ_j 是模糊层的输出结果，y_j 是整个网络的输出。

由于 Gaussian 形隶属度函数可以保持数据的原始分布，因此，在第二层选择 Gaussian 函数作为隶属度函数，其表达式为：

$$\mu_{A_{ij}}(x_i) = \exp\left(\frac{-(x_i - c_{ij})^2}{\sigma_{ij}^2}\right),$$

$$\forall i = 1: N_{in}, j = 1: N_r \tag{1}$$

其中，c_{ij}、σ_{ij} 分别代表第 j 个规则下的中心参数和伸缩参数。

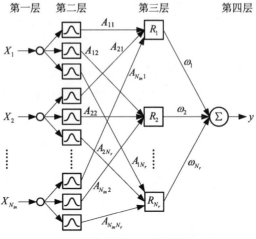

图 1　模糊神经网络结构图

第三层的每个节点都代表一个模糊规则 R，每个节点的输出都可以表示为：

$$\mu_j(x) = \prod_i \mu_{A_{ij}}(x_i), i = 1:N_{in}, j = 1:N_r \qquad (2)$$

其中，$\prod$ 代表逻辑"与"操作，即取小运算。

第四层输出结果，在这一层需要对前一层的结果反模糊化，采用去重心法对结果部分反模糊化，得到输出公式：

$$y_j = \sum_{j=1}^{N_r} w_j \cdot \mu_j(x)$$

2.2　模糊小波神经网络原理

为了加强网络的自学习能力及更快速地适应战场环境因素的变化，实现对空中目标威胁进行较精确评估，本文将小波神经网络嵌入 TSK 模糊模型的后件部分形成模糊小波神经网络。网络结构如图 2 所示。

前三层在 2.1 节已经提到，第四层是小波函数层，本文选择 Gaussian 函数的一阶偏导数 $\varphi(x) = x \cdot \exp(-0.5x^2)$ 作为母小波函数，该函数具有较好的拟合性能。根据所选的母小波，经过伸缩和平移变换放入第二层的神经元中作为激活函数，可以表示为：

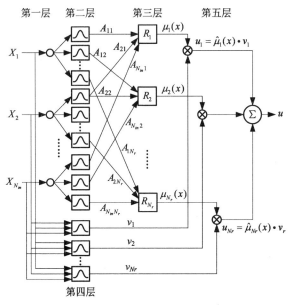

第一层　第二层　　第三层　　　第五层

图 2　模糊小波神经网络结构

$$\varphi_r(z_{rl}) = \sum_{l=1}^{N_m} z_{rl} \exp(-0.5 \cdot z_{rl}^2),$$

$$\forall z_{rl} = \left(\frac{x_l - t_{rl}}{d_{rl}}\right), r = 1:N_w, l = 1:N_{in} \qquad (3)$$

其中，t_{rl} 和 d_{rl} 分别代表小波的平移参数和伸缩参数，下标 rl 表示第 l 个输入对应第 r 个小波神经元，网络的第四层输出结果计算如下：

$$v = \sum_{r=1}^{N_w} w_r \cdot \varphi_r \qquad (4)$$

其中，w_r 是连接隐含层和输出层的权值。

在第五层中，将第四层（小波层）输出乘第三层（模糊规则层）节点输出，计算公式如下：

$$u_j(x) = \hat{\mu}_j(x) \cdot v_j, j = 1:N_r \qquad (5)$$

其中，$\hat{\mu}_j(x) = \dfrac{\mu_j(x)}{\sum_{j=1}^{N_r} \mu_j(x)}$，在式（5）中，$v_j$ 表示第 j 个小波函数的输出值。

最终得出第五层的输出结果，表达式为：

$$u(k) = \sum_{j=1}^{N_r} \hat{\mu}_j(x) \cdot v_j = \sum_{j=1}^{N_r} u_j \qquad (6)$$

模糊小波神经网络的参数在网络训练的过程中需要进行自动更新和调整，这里使用反向传播算法对网络参数进行更新。

模糊小波神经网络结构能量函数为：$e(k) = \dfrac{1}{2} \cdot \sum_{k=1}^{n} (u_q(k) - u(k))^2$，其中，$u_q$ 代表期望的输出，u 代表网络的输出，k 代表训练次数。主要目的是通过网络训练使得能量函数 $e(k)$ 最小。本文利用一种基于反向传播的在线自适应学习算法更新参数 c、σ、t、d、w，为了获得良好的预测效果，最终会选择这些参数的最优值作为预测部分的参数值。常用偏导数公式如下：

$$\frac{\partial e(k)}{\partial u(k)} = u_q(k) - u(k) \qquad (7)$$

$$\frac{\partial u(k)}{\partial v(k)} = \hat{\mu}_j(k) = \frac{\mu_j(x)}{\sum_{j=1}^{N_r} \mu_j(x)} \qquad (8)$$

$$\frac{\partial \varphi_r(k)}{\partial z(k)} = \exp(-0.5z^2) - z^2 \cdot \exp(-0.5z^2) \qquad (9)$$

$$\frac{\partial z(k)}{\partial d(k)} = \frac{-(x(k) - t(k))}{d^2(k)} \qquad (10)$$

$$\frac{\partial z(k)}{\partial t(k)} = -\frac{1}{d(k)} \qquad (11)$$

$$\frac{\partial u(k)}{\hat{\mu}(k)} = v(k) = w_r \cdot \varphi_r(k) \qquad (12)$$

$$\frac{\hat{\mu}(k)}{\partial \mu(k)} = \frac{1}{\sum_{j=1}^{N_r} \mu_j(k)} \qquad (13)$$

$$\frac{\partial \mu(k)}{\partial \sigma(k)} = \mu_{A_{ij}} \cdot \left(\frac{x(k) - c(k)}{\sigma}\right)^2 \qquad (14)$$

$$\frac{\partial \mu(k)}{\partial c(k)} = \frac{2\mu_{A_{ij}}}{\sigma} \qquad (15)$$

单次循环参数更新公式如下：

由式（7）、式（8）得到式（16）

$$\frac{\partial e(k)}{\partial w(k)} = \frac{\partial e(k)}{\partial u(k)} \cdot \frac{\partial u(k)}{\partial v(k)} \cdot \frac{\partial v(k)}{\partial w(k)}$$

$$= (u_q(k) - u(k)) \cdot \hat{\mu}_j(k) \cdot \varphi_r(k) \tag{16}$$

由式（7）、式（8）、式（9）、式（10）得到式（17）

$$\frac{\partial e(k)}{\partial d(k)} = \frac{w_r(k) \cdot (u_q(k) - u(k)) \cdot \mu_j(x) \cdot (\exp(-0.5z^2) - z^2 \cdot \exp(-0.5z^2))}{\sum_{j=1}^{N_r} \mu_j(x)} \cdot$$

$$\frac{-(x(k) - t(k))}{d^2(k)} \tag{17}$$

由式（7）、式（8）、式（9）、式（11）得到式（18）

$$\frac{\partial e(k)}{\partial t(k)} = \frac{w_r(k) \cdot (u_q(k) - u(k)) \cdot \mu_j(x) \cdot (\exp(-0.5z^2) - z^2 \cdot \exp(-0.5^2))}{d(k) \cdot \sum_{j=1}^{N_r} \mu_j(x)}$$

$$\tag{18}$$

由式（7）、式（12）、式（13）、式（14）得到式（19）

$$\frac{\partial e(k)}{\partial \sigma(k)} = \frac{(u_q(k) - u(k)) \cdot w_r \cdot \varphi_r(k)}{\sum_{j=1}^{N_r} \mu_j(k)} \cdot \mu_{A_{ij}} \cdot \left(\frac{x(k) - c(k)}{\sigma}\right)^2$$

$$\tag{19}$$

由式（7）、式（12）、式（13）、式（15）得到式（20）

$$\frac{\partial e(k)}{\partial c(k)} = \frac{(u_q(k) - u(k)) \cdot w_r \cdot \varphi_r(k)}{\sum_{j=1}^{N_r} \mu_j(k)} \cdot \frac{2\mu_{A_{ij}}}{\sigma} \tag{20}$$

2.3 动态学习率

为了提高模糊小波神经网络的收敛速度和泛化能力，提出一种基于动态学习率的新型模糊小波神经网络，实现对目标威胁进行评估。考虑到连续时间及多次迭代过程，模糊小波神经网络参数整体调整公式如下：

$$w(k+1) = w(k) - \alpha \frac{\partial e(k)}{\partial w(k)}$$

$$d(k+1) = d(k) - \alpha \frac{\partial e(k)}{\partial d(k)}$$

$$t(k+1) = t(k) - \alpha \frac{\partial e(k)}{\partial t(k)}$$

$$\sigma(k+1) = \sigma(k) - \alpha \frac{\partial e(k)}{\partial \sigma(k)}$$

$$c(k+1) = c(k) - \alpha \frac{\partial e(k)}{\partial c(k)}$$

其中，α 为学习率。神经网络的学习率一般为固定学习率，但是固定学习率使得网络的自适应能力变差，为了提高 FWNN 的自适应性能，本文提出一种动态学习率算法更新网络参数。根据每次迭代过程的误差反向传播原理，当误差变大时，加快收敛速度，即增大学习率；当误差变小时，需要仔细搜索最优解，即减小学习率。采用 S 型曲线作为学习率，即 $\alpha \in (0,1)$。学习率公式为：

$$\alpha = \frac{1}{1 + \exp^{-e^2}}$$

其中，e 为每次输出的误差。利用当前时刻 k 求得的参数值可以根据更新公示计算出网络下一时刻 $k+1$ 的参数值。

3 目标威胁估计的主要因素

本文主要考虑目标的空防态势来建立空中目标威胁评估模型，采用目标类型、干扰能力、目标高度、目标距离、目标速度和目标航向角 6 个主要性能指标建立 FWNN 目标威胁评估模型。

选用目标威胁数据库[7]中的 48 组作为训练和测试数据，由于篇幅所限部分数据见表 1。选取其中前 40 组数据作为训练集，剩下 8 组作为测试集，为了适应模糊小波神经网络模型，在原始数据输入网络之前，需要对数据进行预处理，对各因素进行量化和归一化，范围为 [-1, 1]。

表 1　部分目标威胁数据库数据

序号	目标类型	目标速度/ (m·s⁻¹)	目标航向角/(°)	干扰能力	高度	距离/km	威胁值
1	大型机	500	130	强	高	360	0.521 2
2	大型机	550	90	中	中	160	0.582 8
3	大型机	650	110	强	低	280	0.646 5

序号	目标类型	目标速度/ $(m \cdot s^{-1})$	目标航向角/(°)	干扰能力	高度	距离/km	威胁值
4	大型机	450	80	中	低	300	0.584 3
5	小型机	600	50	中	高	160	0.685 3
6	小型机	650	80	强	中	200	0.742 5
7	小型机	700	120	强	低	320	0.733 6
8	小型机	750	150	中	超低	400	0.754 1
9	直升机	80	20	弱	低	210	0.360 1
10	直升机	83	50	无	中	180	0.350 7
11	直升机	85	100	弱	低	210	0.376 1
12	直升机	88	140	无	超低	320	0.359 2

（1）目标类型：根据目标类型的类别及其威胁程度分为 5 类：TBM、大型机、小型机、直升机和导弹等。以 Miller 的人类认知理论为量化依据，从而对各目标类型隶属度依次赋值为 0.5、0.4、0.3、0.2、0.1。

（2）目标干扰能力：目标干扰能力越强，防空武器的命中率越低，目标的威胁程度越大，按干扰能力从强到弱分为 5 个等级：很强、强、一般、弱、很弱，依次量化为 0.9、0.7、0.5、0.3、0.1。

（3）目标航向角：目标航向角决定了目标航路捷径，航路捷径越小，威胁程度越大，其隶属度值从 0°~360° 等间隔依次量化为 0.9、0.8、0.7、0.6、0.5、0.4、0.3、0.2、0.1。

（4）目标高度：空中目标高度越高，我方采取措施的时间越充分，所以目标的威胁程度就越小，目标高度的隶属度值从高、中、低、超低分别量化为 0.2、0.4、0.6、0.8；

（5）目标距离：空中目标距离反映了敌方的攻击企图和达成攻击的可能性。目标距离越近，威胁程度越大，目标距离的隶属度值由下式得到：

$$\mu_1 = \frac{\max\{l_i\} - l_i}{\max\{l_i\} - \min\{l_i\}}$$

（6）目标速度：空袭目标速度直接关系到防空武器的系统反应时间和毁伤概率大小。目标速度越慢，其威胁程度越小，目标速度的隶属度值可由下式计算得到：

$$\mu_v = \frac{v_i - \max\{v_i\}}{\max\{v_i\} - \min\{v_i\}}$$

4 基于 FWNN 的威胁评估仿真实验

模糊小波神经网络构建是根据输入/输出数据维数来确定网络的结构的。因为目标威胁估计输入数据为 6 维，输出为 1 维，所以模糊小波神经网络结构为 6—6 * 5—5—5—1，即第一层有 6 个输入，分别是目标类型、目标速度、目标航向角、目标干扰能力、目标高度、目标距离 6 个因素的隶属度数据，第二层隶属度函数层有 6 * 5 个节点，第三层模糊规则层和第四层小波变换层各有 5 个神经元，第五层输出层为预测目标威胁值。训练达到规定的迭代次数即结束，模糊规则前件部分隶属度函数的参数和后件部分小波分析的参数经过学习算法的训练，最终结果分别如表 2、表 3 所示。图 3 所示为预测输出结果对比。

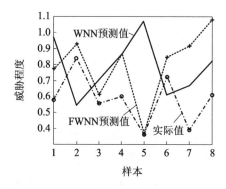

图 3　预测输出结果对比

表 2 模糊规则前件部分参数

规则	输入 1	输入 2	输入 3	输入 4	输入 5	输入 6
规则 1	$c_{11} = 0.685\ 2$ $\sigma_{11} = 0.769\ 0$	$c_{21} = 0.698\ 9$ $\sigma_{21} = 0.682\ 0$	$c_{31} = 0.590\ 4$ $\sigma_{31} = 0.120\ 5$	$c_{41} = 0.962\ 1$ $\sigma_{41} = 0.719\ 3$	$c_{51} = 0.781\ 3$ $\sigma_{51} = 0.161\ 9$	$c_{61} = 0.538\ 4$ $\sigma_{61} = 0.120\ 2$
规则 2	$c_{12} = 0.094\ 6$ $\sigma_{12} = 0.685\ 1$	$c_{22} = 0.886\ 0$ $\sigma_{22} = 0.144\ 8$	$c_{32} = 0.257\ 5$ $\sigma_{32} = 0.057\ 8$	$c_{42} = 0.463\ 5$ $\sigma_{42} = 0.134\ 9$	$c_{52} = 0.330\ 8$ $\sigma_{52} = 0.014\ 8$	$c_{62} = 0.756\ 8$ $\sigma_{62} = 0.189\ 1$
规则 3	$c_{13} = 0.794\ 6$ $\sigma_{13} = 2.702\ 9$	$c_{23} = 0.766\ 2$ $\sigma_{23} = -6.063\ 6$	$c_{33} = 0.870\ 3$ $\sigma_{33} = 0.174\ 4$	$c_{43} = 0.087\ 5$ $\sigma_{43} = 0.515\ 7$	$c_{53} = 0.667\ 9$ $\sigma_{53} = 0.393\ 5$	$c_{63} = 0.502\ 4$ $\sigma_{63} = 0.995\ 2$
规则 4	$c_{14} = 0.336\ 3$ $\sigma_{14} = 0.448\ 4$	$c_{24} = 0.588\ 6$ $\sigma_{24} = 0.151\ 4$	$c_{34} = 0.351\ 9$ $\sigma_{34} = 0.778\ 1$	$c_{44} = 0.206\ 7$ $\sigma_{44} = 0.741\ 2$	$c_{54} = 0.262\ 2$ $\sigma_{54} = 0.087\ 6$	$c_{64} = 0.098\ 6$ $\sigma_{64} = 0.470\ 4$
规则 5	$c_{15} = 0.152\ 0$ $\sigma_{15} = 0.328\ 5$	$c_{25} = 0.321\ 0$ $\sigma_{25} = 0.406\ 9$	$c_{35} = 0.594\ 4$ $\sigma_{35} = 0.430\ 2$	$c_{45} = 0.153\ 7$ $\sigma_{45} = 0.871\ 3$	$c_{55} = 0.062\ 6$ $\sigma_{55} = 0.707\ 3$	$c_{65} = 0.007\ 8$ $\sigma_{65} = 0.142\ 3$

表 3 模糊规则后件部分参数

输入	规则 1 $v_1w_1 = 0.418\ 3$	规则 2 $v_2w_2 = 0.055\ 9$	规则 3 $v_3w_3 = 0.585\ 0$	规则 4 $v_4w_4 = 0.298\ 8$	规则 5 $v_5w_5 = 0.409\ 6$
输入 1	$t_{11} = 0.388\ 9$ $d_{11} = 0.574\ 7$	$t_{21} = 0.454\ 7$ $d_{21} = 0.326\ 0$	$t_{31} = 0.246\ 7$ $d_{31} = 0.456\ 4$	$t_{41} = 0.784\ 4$ $d_{41} = 0.713\ 0$	$t_{51} = 0.882\ 4$ $d_{51} = 0.867\ 6$
输入 2	$t_{12} = 0.912\ 3$ $d_{12} = 0.668\ 1$	$t_{22} = 0.558\ 3$ $d_{22} = 0.018\ 6$	$t_{32} = 0.598\ 9$ $d_{32} = 0.674\ 8$	$t_{42} = 0.148\ 9$ $d_{42} = 0.438\ 5$	$t_{52} = 0.899\ 7$ $d_{52} = 0.435\ 3$
输入 3	$t_{13} = 0.450\ 4$ $d_{13} = 0.117\ 0$	$t_{23} = 0.205\ 7$ $d_{23} = 0.814\ 7$	$t_{33} = 0.899\ 6$ $d_{33} = 0.324\ 7$	$t_{43} = 0.762\ 6$ $d_{43} = 0.246\ 2$	$t_{53} = 0.882\ 5$ $d_{53} = 0.342\ 0$
输入 4	$t_{14} = 0.285\ 0$ $d_{14} = 0.375\ 7$	$t_{24} = 0.673\ 2$ $d_{24} = 0.546\ 6$	$t_{34} = 0.664\ 3$ $d_{34} = 0.561\ 9$	$t_{44} = 0.122\ 8$ $d_{44} = 0.395\ 8$	$t_{54} = 0.407\ 3$ $d_{54} = 0.398\ 1$
输入 5	$t_{15} = 0.275\ 3$ $d_{15} = 0.515\ 4$	$t_{25} = 0.716\ 7$ $d_{25} = 0.657\ 5$	$t_{35} = 0.283\ 4$ $d_{35} = 0.950\ 9$	$t_{45} = 0.894\ 8$ $d_{45} = 0.669\ 7$	$t_{55} = 0.826\ 6$ $d_{55} = 0.400\ 0$
输入 6	$t_{16} = 0.390\ 0$ $d_{16} = 0.831\ 9$	$t_{26} = 0.497\ 9$ $d_{26} = 0.134\ 3$	$t_{36} = 0.694\ 8$ $d_{36} = 0.060\ 5$	$t_{46} = 0.834\ 4$ $d_{46} = 0.084\ 2$	$t_{56} = 0.609\ 6$ $d_{56} = 0.163\ 9$

本文分别采用 FWNN 和 WNN 两种建模方法进行仿真，仿真结果对比如图 4 所示，通过对小波神经网络模型和基于动态学习率模糊小波神经网络模型的预测值与真实值的对比分析，得到如图 5 所示的预测误差曲线。误差值的求取方法为测试值与网络输出值的绝对差值。

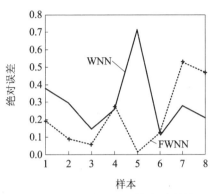

图 4　FWNN 和 WNN 的绝对误差

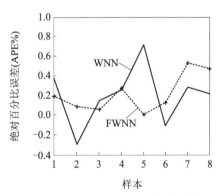

图 5　FWNN 和 WNN 绝对误差百分比

由图 5 可以清晰地看出，FWNN 模型预测值与实际威胁值绝对误差比 WNN 的误差小，FWNN 模型预测的结果比较理想，绝对误差值较小，而且性能稳定。由表 4 计算可得，动态学习率模糊小波神经网络预测的绝对误差和为 1.757 5，小波神经网络的绝对误差和为 2.403 8。这说明单纯的小波神经网络对数据的学习能力还是有所欠缺的。

仿真结果表明：基于动态学习率模糊小波神经网络的算法有更好的

收敛效率和精度，预测精度高于小波神经网络，得到了更为精准的预测结果，从而进一步验证了 FWNN 目标威胁评估模型的优越性和准确性，可以作为今后空中目标威胁评估预测的有效方法。

表 4　两种模型的仿真结果和误差分析

样本点	测试值	FWNN	WNN	FWNN 的误差	WNN 的误差
1	0.582 3	0.774 8	0.963 0	0.192 5	0.380 7
2	0.842 4	0.933 3	0.543 6	0.090 9	0.298 8
3	0.556 3	0.613 2	0.702 3	0.056 9	0.146 0
4	0.602 6	0.877 6	0.859 7	0.275 0	0.257 1
5	0.358 7	0.371 7	1.075 4	0.013 0	0.716 7
6	0.720 6	0.848 3	0.609 5	0.127 7	0.111 1
7	0.389 7	0.919 4	0.669 9	0.529 7	0.280 2
8	0.610 4	1.082 2	0.823 6	0.471 8	0.213 2

5　结　论

空中目标威胁评估是空战决策系统的关键问题之一，考虑目标威胁估计具有诸多不确定性，将模糊神经网络和小波神经网络相结合，利用这两种网络的优点，建立模糊小波神经网络。为了提高模糊小波神经网络的收敛速度和泛化能力，提出一种基于动态学习率的新型模糊小波神经网络并结合 BP 算法不断更新参数，对目标威胁的主要性能指标与目标威胁度之间关系进行了分析研究，提出了基于动态学习率模糊小波神经网络的目标威胁评估方法。仿真结果表明，基于动态学习率的模糊小波神经网络算法预测精度较高于小波神经网络，得到了更为精准的预测结果，可以作为今后空中目标威胁评估的有效方法。

参考文献

[1] Wang Y, Miao X. Intuitionistic fuzzy perceiving methods for situation and threat assessment [C]. Proc of IEEE Int Conf on Fuzzy Systems and Knowledge Discovery

Sichuan, 2012.

［2］ Wu Y, Miu X. Multi-attribute decision making method for air target threat evaluation based on intuitionistic fuzzy sets ［J］. Journal of Systems Engineering and Electronics, 2012 （23）.

［3］ Wang Y, Sun Y, Li J Y, et al. Air defense threat assessment based on dynamic bayesian network ［C］. Proc of IEEE Int Conf on Systems and Informatics, Yantai, 2012.

［4］ 刘跃峰, 陈哨东, 赵振宇, 等. 基于 FBNs 的有人机/UCAV 编队对地攻击威胁评估 ［J］. 系统工程与电子技术, 2012, 34 （8）.

［5］ 王宝成, 栗飞, 陈正. 基于模糊 TOPSIS 法的空袭目标威胁评估 ［J］. 海军航空工程学院学报, 2012, 27 （3）.

［6］ 王晓帆, 王宝树. 基于直觉模糊与计划识别的威胁评估方法 ［J］. 计算机科学, 2010, 37 （5）.

［7］ 王改革. 基于智能算法的目标威胁估计 ［D］. 长春：中国科学院长春光学精密机械与物理研究所, 2013.

［8］ Y Bodyanskiy, A Dolotov, O Vynokurova. Evolving spiking wavelet-neuro-fuzzy self-learning system ［J］. Appl. Soft Comput. 2014 （14）.

［9］ H Muzhou, H Xuli. The multidimensional function approximation based on constructive wavelet RBF neural network ［J］. Appl. Soft Comput, 2011 （11）.

［10］ M Jamil. Generalized neural network and wavelet transform based approach for fault location estimation of a transform line ［J］. Appl. Soft Comput. , 2014 （19）.

［11］ D Bayram, S Seker. Wavelet based neuro-detector for low frequencies of vibration signals in electric motors ［J］. Appl. Soft Comput. , 2013 （13）.

［12］ 陆莹, 李启明, 周志鹏. 基于模糊贝叶斯网络的地铁运营安全风险预测 ［J］. 东南大学学报, 2010, 40 （5）.

［13］ 陈夏冰, 刘国栋. 基于模糊神经网络 Sarsa 学习的多机器人任务分配 ［J］. 计算机应用与软件, 2012, 29 （12）.

［14］ P Zhanga, H Wangb. Fuzzy wavelet neural networks for city electric energy consumption forecasting ［J］. Energy Procedia, 2012 （17）.